AF567963

Radiobasteln mit Elektronenröhren

Detektorempfänger und Audionschaltungen

Klaus Röbenack

Prof. Dr.-Ing. habil. Dipl.-Math. Klaus Röbenack
Institut für Regelungs- und Steuerungstheorie
Fakultät Elektrotechnik und Informationstechnik
Technische Universität Dresden

Berichte aus der Elektronik

Klaus Röbenack

Radiobasteln mit Elektronenröhren

Detektorempfänger und Audionschaltungen

Shaker Verlag
Aachen 2013

Bibliografische Information der Deutschen Nationalbibliothek
Die Deutsche Nationalbibliothek verzeichnet diese Publikation in der Deutschen Nationalbibliografie; detaillierte bibliografische Daten sind im Internet über http://dnb.d-nb.de abrufbar.

Printed in Germany.

ISBN 978-3-8440-1864-6
ISSN 1436-3801

Shaker Verlag GmbH • Postfach 101818 • 52018 Aachen
Telefon: 02407 / 95 96 - 0 • Telefax: 02407 / 95 96 - 9
Internet: www.shaker.de • E-Mail: info@shaker.de

Vorwort

In meiner Kindheit bzw. Jugend haben die Bücher "Das große Radiobastelbuch" von Karl-Heinz Schubert und "Rundfunk und Fernsehen selbst erlebt" von Lothar König eine große Faszination auf mich ausgeübt. Ich kann mir vorstellen, dass die Bastelbücher von Heinz Richter und Werner W. Diefenbach eine ähnliche Wirkung auf die Leser im westlichen Teil Deutschlands hatten. Mit dem im Kinderbuchverlag (!) erschienenen Werk "Radiobasteln leicht gemacht" gelang es dem Autor Hagen Jakubaschk, viele wichtige Aspekte der Elektrotechnik und Elektronik anschaulich zu vermitteln. Leider sind diese Werke nur schwer antiquarisch zu beschaffen.

Mit dem vorliegenden Buch möchte ich interessierten Bastelfreunden die Möglichkeit geben, sich mit einfachen Radio- bzw. Röhrenschaltungen vertraut zu machen. Das Buch richtet sich an Leser, die bereits über Grundkenntnisse der Elektrotechnik und erste Erfahrungen mit elektronischen Schaltungen verfügen. In ihrer Schlichtheit fördern Röhrenschaltungen das Verständnis für wichtige schaltungstechnische Problemstellungen. Durch die Kombination von Röhren mit moderneren Halbleiterbauelementen sind schnell sichtbare Erfolge zu erzielen. Die beschriebenen Radioschaltungen sind für den Mittelwellenempfang konzepiert, können aber weitestgehend ohne Probleme für den Kurzwellenbereich modifiziert werden.

Neben zahlreichen erprobten Radioschaltungen finden sich im Buch auch etliche Hinweise für eigene Experimente und Erweiterungen. Die Erstellung des Manuskripts und das Anfertigen der Schaltpläne erfolgten unter großer Sorgfalt. Dennoch sind Fehler nicht auszuschließen. Man sollte sich daher vor dem Aufbau erst mit der Wirkungsweise der jeweiligen Schaltung vertraut machen.

Die Schaltungen sind für niedrige Spannungen ausgelegt und können oft mit Batterien bzw. Akkus betrieben werden. Wer nicht über die nötigen Kenntnisse zum Anschluss eines Netztrafos verfügt, sollte auf Steckernetzteile zurückgreifen. Die Anregung für diese Schaltungsdimensionierung lieferte das Buch "Röhren-Projekte von 6 bis 60 V" von Burkhard Kainka, welches ich dem Leser wärmstens empfehlen kann.

Ohne die umfangreiche Unterstützung von Herrn Dipl.-Ing. Christian John wäre dieses Buch wahrscheinlich nicht entstanden. Die zahlreichen Hinweise und inspirierenden Diskussionen haben das vorliegende Buch merklich geprägt.

Mein Dank gilt außerdem den Mitarbeitern der Elektronikwerkstatt der Fakultät Elektrotechnik und Informationstechnik, Herrn Manfred Träger und Herrn Rudolf Gräfe, sowie ihrem Leiter, Herrn Dipl.-Ing. (FH) Thomas Adam. An dieser Stelle möchte ich auch meiner Hoffnung Ausdruck verleihen, dass die von der Elektronikwerkstatt betreute technisch-historische Sammlung "Elektron", die sich im Keller des nach dem Röhrenpionier Heinrich Barkhausen benannten Gebäudes der Technischen Universität Dresden befindet, erhalten bleibt. Ferner danke ich Herrn Dipl.-Ing. Carsten Knoll und Herrn Dipl.-Ing. Torsten Knüppel für ihre Unterstützung.

Das Buch wurde mit Hilfe verschiedener Open-Source-Programme unter dem Linux-basierten Betriebssystem Fedora™ erstellt. Der Textsatz erfolgte unter LaTeX mit dem Editor LyX. Die zahlreichen Schaltungen wurden mit dem Schaltplaneditor EESchema des KiCad-Programmpaketes gezeichnet. Für grafische Nachbearbeitungen kamen GIMP (GNU Image Manipulation Program) und Inkscape zum Einsatz. Den Autoren dieser Programme möchte ich herzlich für ihr Engagement danken.

Nicht zuletzt danke ich meiner Frau und meinen Kindern für ihre Geduld und ihr Verständnis.

Dresden, im März 2013 Klaus Röbenack

Inhaltsverzeichnis

Kapitel 1

Elektronenröhren

In der ersten Hälfte des letzten Jahrhundert war die Elektronenröhre das bestimmende Bauelement in der Elektronik. Eine Röhre besteht aus einem in der Regel aus Glas gefertigten Kolben, aus welchem die Luft evakuiert wurde. In dem Kolben herrscht somit näherungsweise ein Vakuum, man spricht dann auch von einem Hochvakuum. In den Kolben ragen mindestens zwei gegeneinander isolierte Elektroden. Meist werden die Elektroden über einen gemeinsamen Röhrensockel mit kreisförmig angeordneten Anschlüssen herausgeführt. Abb. 1.1 zeigt eine Miniaturröhre mit 7-poligem Sockel. Im Buch kommen auch Röhren mit 9-poligem Novalsockel zum Einsatz.

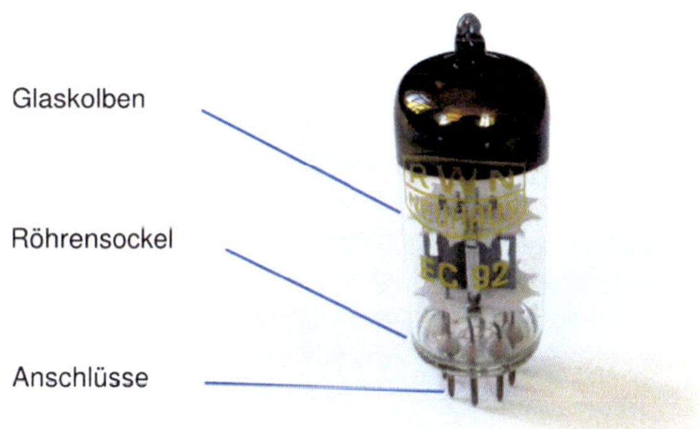

Abbildung 1.1: Miniaturröhre EC92

Eine der Elektroden, die sogenannte Kathode, wird über einen Heizfaden auf mehrere hundert Grad Celsius erwärmt. Die Zufuhr von Wärmeenergie bewirkt, dass Elektronen aus dem Metall austreten und um die Kathode eine Elektronenwolke bilden. Diesen Effekt nennt man Glühemission. Bei den meisten Röhren sind Kathode k und Heizfaden f galvanisch getrennt. In diesem Fall besitzt die Röhre eine indirekt geheizte Kathode (siehe Abb. 1.2 (links)). Durch die elektrische Isolation von Kathode und Heizfaden kann man die Röhre auch mit Wechselspannung heizen, ohne das Signal durch eingestreutes Netzbrummen zu verfälschen. Bei einer direkt geheizten Kathode fungiert der Heizfaden selber als Kathode (siehe Abb. 1.2 (rechts)). Diese Variante kommt mit einer vergleichsweise niedrigen Heizleistung aus und ist deshalb bei Batterieröhren anzutreffen.

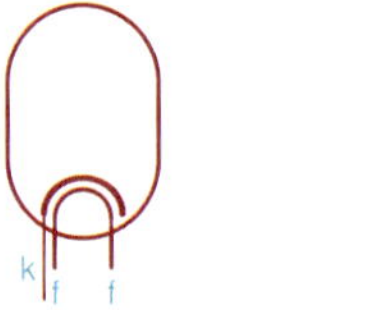

Abbildung 1.2: Röhre mit indirekt geheizter Kathode (links) bzw. direkt geheizter Kathode (rechts)

Röhrenradios enthalten in der Regel mehrere Röhren. Die Verschaltung der Heizfäden der einzelnen Röhren kann in Reihen- oder Parallelschaltung erfolgen. Bei der Parallelheizung müssen alle Röhren für die gleiche Heizspannung vorgesehen sein, bei der Serienheizung müssen die in Reihe geschalteten Röhren für den gleichen Heizstrom ausgelegt sein. Viele moderne Röhren sind bei Einhaltung der jeweiligen Heizspannung bzw. des Heizstrombedarfs sowohl für Parallel- als auch Serienheizung zugelassen. Bei europäischen Empfängerröhren ist die Betriebsart der Heizung aus dem ersten Buchstaben der Typenbezeichnung ersichtlich [46]:

D ... 1,4 V Parallelheizung
E ... 6,3 V Parallelheizung
P ... 300 mA Serienheizung
U ... 100 mA Serienheizung

Die mit dem Buchstaben D gekennzeichneten Röhren sind bis auf wenige Ausnahmen Batterieröhren mit direkt geheizter Kathode. Die E-Serie beinhaltet die gängigen Radioröhren, die P-Serie wurde für Fernsehgeräte vorgesehen. Die U-Serie wurde für Allstromgeräte entwickelt und war damit sowohl an einem Gleichspannungs- als auch an einem Wechselspannungsnetz zu betreiben. Die Röhren der E-, P- und U-Serie besitzen indirekt geheizte Kathoden.

Je nach Art und Anzahl der Elektroden kann man die Röhren hinsichtlich verschiedener Typen klassifizieren. Bei der europäischen Bezeichnungskonvention sind Art und Anzahl der im Röhrenkolben vereinten Röhrensysteme an dem zweiten und den ggf. folgenden Buchstaben zu erkennen:

A	...	Diode	H	...	Heptode
B	...	Duodiode	L	...	Leistungspentode
C	...	Triode	Y	...	Einweggleichrichter
F	...	Pentode	Z	...	Zweiweggleichrichter

Der aus zwei bis vier Buchstaben bestehenden Gruppe schließt sich eine Zahlenkombination an, die den genauen Röhrentyp spezifiziert. Der Zahlenbereich 80 ... 89 steht für Röhren mit 9-poligem Novalsockel, der Bereich von 90 ... 99 für Röhren mit 7-poligem Miniatursockel. Die in Abb. 1.1 gezeigte Röhre EC92 ist nach diesem Schema eine mit $6,3\,\mathrm{V}$ zu heizende Triode mit 7-poligem Sockel. In den folgenden Abschnitten werden die betrachteten Röhrentypen kurz beschrieben.

1.1 Dioden

Die Diode (Zweipolröhre) besitzt nur zwei Elektroden, nämlich die Anode und die Kathode. Aus der geheizten Kathode treten durch die Erwärmung Elektronen aus. Ist die Anode gegenüber der Kathode positiv geladen, so bewegen sich die negativ geladenen Elektronen zur Anode und erzeugen damit einen Stromfluss. Bei umgekehrter Polarität, also einer negativ geladenen Anode, findet praktisch kein Stromfluss statt. Die Diode wirkt damit wie ein Ventil, das den Stromfluss nur in eine Richtung erlaubt. Diese Ventilwirkung, die — obgleich mit völlig anderem physikalischen Hintergrund — auch bei Halbleiterdioden auftritt, nutzt man zur Gleichrichtung. Abb. 1.3 zeigt die Schaltbilder für beide Diodenvarianten.

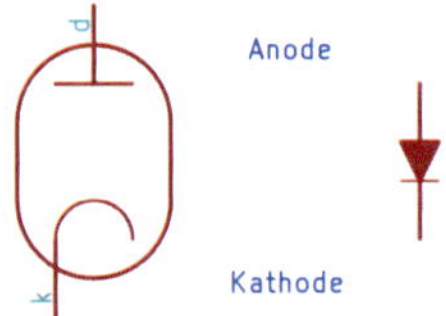

Abbildung 1.3: Schaltbild einer Vakuum- bzw. Röhrendiode (links) und einer Halbleiterdiode (rechts)

Innerhalb der Röhrendioden unterscheidet man einerseits zwischen Einfach- und Doppeldioden (Duodioden). Die Doppeldioden haben in der Regel eine gemeinsame Kathode. Andererseits werden die Dioden hinsichtlich ihres Einsatzbereichs unterschieden. Die im Rahmen der europäischen Nomenklatur ab dem zweiten Buchstaben mit A bzw. B bezeichneten Röhrendioden sind zur Gleichrichtung im Sinne einer Signalauswertung vorgesehen und werden daher in Demodulatoren und Diskriminatoren eingesetzt. Auf diese Röhren wird in Kapitel 2 eingegangen. Die mit den Buchstaben Y bzw. Z gekennzeichneten Röhrendioden sind als Ein- oder Zweiweggleichrichter zur Stromversorgung vorgesehen. Abb. 1.4 zeigt eine solche Zweiweggleichrichterschaltung mit der Röhre EZ80 sowie einem Glättungskondensator. Diese Gleichrichterschaltung mit Röhren hat zwei entscheidende Nachteile. Zum einen ist für eine Zweiweggleichrichtung ein Trafo mit Mittelanzapfung in der Sekundärwicklung erforderlich, während man bei Halbleiterdioden eine Graetzschaltung vorzieht. Zum anderen muss zusätzlich die Gleichrichterröhre geheizt werden. Aus diesen Gründen wurden in Röhrenradios die Gleichrichterröhren schnell durch eine frühe Form der Halbleiterdioden, nämlich die Selengleichrichter, ersetzt.

Zum besseren Verständnis der Röhrendioden wurden mit der in Abb. 1.5 gezeigten Versuchsanordnung die Kennlinien der Zweiweggleichrichterröhre EZ80 aufgenommen (vgl. auch [29, Kapitel 5]). Die Strom-Spannungskennlinien der zwei Dioden sind in Abb. 1.6 dargestellt. Es ist zu erkennen, dass die beiden Dioden nicht ganz genau übereinstimmen, was für den Einsatz in der Stromversorgung nicht problematisch ist. Allerdings ist die EZ80 nicht für die hier

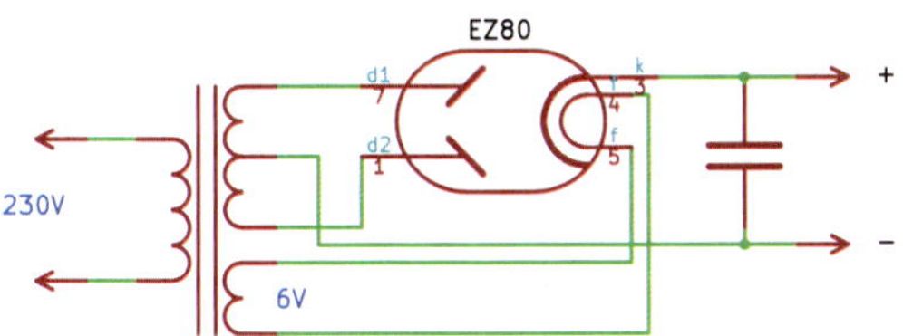

Abbildung 1.4: Zweiweggleichrichterschaltung mit der Doppeldiode EZ80

gezeigten, niedrigen Spannungen vorgesehen, sondern zur Bereitstellung der für weitere Röhren benötigten Anodenspannung im Bereich von 250 . . . 350 V [40].

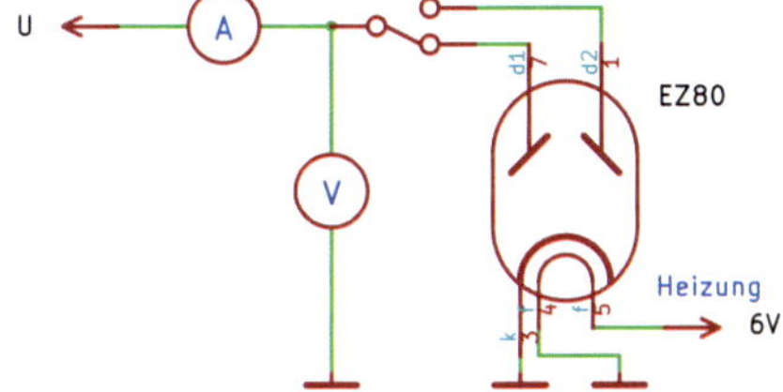

Abbildung 1.5: Versuchsanordnung zur Aufnahme der Strom-Spannungs-Kennlinie der Gleichrichterdiode EZ80

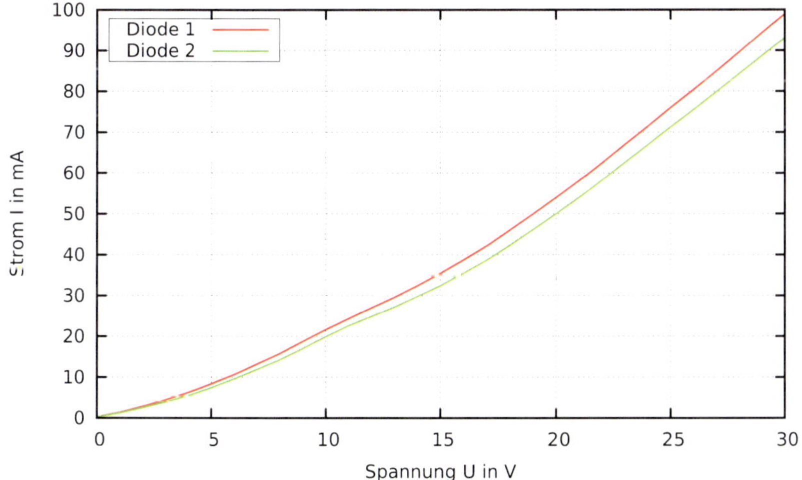

Abbildung 1.6: Strom-Spannungs-Kennlinie der Duodiode EZ80

1.2 Trioden

Bei der Triode (Dreipolröhre) wird der zwischen Kathode und Anode fließende Strom I_a über eine dritte Elektrode, die man Gitter oder genauer Steuergitter nennt, beeinflusst. Das Gitter ist zwischen Kathode und Anode angeordnet. Bei einer gegenüber der Kathode negativen Gitterspannung lässt sich der Anodenstrom stromlos steuern. Abb. 1.7 (links) zeigt das Schaltbild einer Triode. Dabei wurde auf die Darstellung der Heizfäden verzichtet. Als spannungsgesteuertes Bauelement ist die Triode am ehesten mit einem Sperrschicht-Feldeffekttransistor (FET), den man allerdings typischerweise mit deutlich niedrigeren Spannungen betreibt, zu vergleichen (siehe Abb. 1.7 (rechts)). Im Rahmen dieser Analogie entspricht der Sourceanschluss der Kathode, der Drainanschluss der Anode und der Gateanschluss dem Gitter.

Abbildung 1.7: Schaltbild einer Triode (links) sowie eines Sperrschicht-FET (rechts)

Der Anodenstrom I_a hängt sowohl von der zwischen Anode und Kathode anliegenden Spannung U_a, der Anodenspannung, als auch von der zwischen Steuergitter und Kathode anliegenden Gitterspannung U_g ab. Dieser Zusammenhang wird im Anodenstrom-Gitterspannungs-Kennfeld dargestellt. Abb. 1.8 zeigt ein solches Kennfeld für die Triode EC92.

Die HF-Triode EC92 ist normalerweise für Anodenspannungen im Bereich von $U_a \approx 200 \ldots 250\,\text{V}$ vorgesehen. Für die in diesem Buch eingesetzten, sehr niedrigen Spannungen muss man die gewünschten Kennlinien selber aufnehmen. Abb. 1.9 zeigt die Versuchsanordnung für die Aufnahme des Anodenstrom-Gitterspannungs-Kennfeldes (siehe auch [29, Kapitel 5]). Dabei gibt man eine feste Anodenspannung vor und erfasst den Anodenstrom in Abhängigkeit von der Gitterspannung. Außerdem muss die Röhre noch geheizt werden. Dazu ist

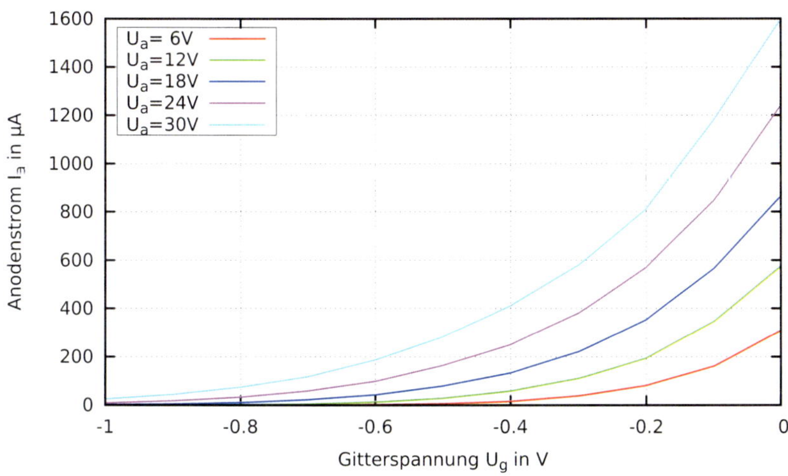

Abbildung 1.8: Anodenstrom-Gitterspannungs-Kennfeld der Triode EC92

zwischen Anschluss 4 und 5 der EC92 eine Heizspannung von 6 V bzw. 6,3 V bereitzustellen. Der Heizstrombedarf liegt bei 300 mA.

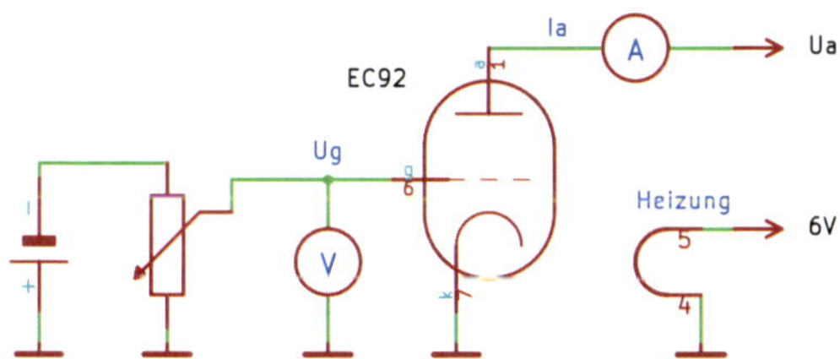

Abbildung 1.9: Versuchsanordnung zur Aufnahme des Anodenstrom-Gitterspannungs-Kennfeldes für die Triode EC92

Für den Betrieb einer Triode als Verstärker wählt man sich im Anodenstrom-Gitterspannungs-Kennfeld einen Arbeits- bzw. Betriebspunkt aus, der durch eine bestimmte Anodenspannung U_a und eine bestimme Gitterspannung U_g beschrieben wird. Für eine möglichst verzerrungsfreie Verstärkung sollte dieser Arbeitspunkt so gewählt werden, dass die entsprechende Kennlinie näherungsweise die Form einer Geraden aufweist. Für die Bestimmung der gängigen Röhrenkennwerte werden wir dazu auf das Kennfeld aus Abb. 1.8

zurückgreifen. Für die nachfolgenden Betrachtungen wählen wir den durch $U_a = 18\,\mathrm{V}$ und $U_g = -0,2\,\mathrm{V}$ festgelegten Arbeitspunkt aus.

Ein wichtiger Kennwert einer Triode ist die Steilheit, die für einen vorgegebenen Arbeitspunkt durch

$$S = \frac{\partial I_a}{\partial U_g} \tag{1.1}$$

definiert ist. Die Steilheit gibt an, wie stark sich eine Änderung der Gitterspannung auf den Anodenstrom bei fester Anodenspannung auswirkt. Aus physikalischer Sicht ist die Steilheit ein Leitwert mit der Maßeinheit Siemens: $\mathrm{S} = \mathrm{A/V} = \Omega^{-1}$. Für den vom Hersteller empfohlenen Arbeitspunkt ist der jeweilige Leitwert dem Röhrendatenblatt zu entnehmen. Für die EC92 wird beispielsweise für $U_a = 200\,\mathrm{V}$ und $U_g = -2\,\mathrm{V}$ eine Steilheit von $S = 5,5\,\mathrm{mS}$ angegeben [40]. Bei davon abweichenden Betriebswerten lässt sich die Steilheit aus dem Anodenstrom-Gitterspannungs-Kennfeld bestimmen, siehe Abb. 1.10 (links). Anstelle des Differentialquotienten (1.1) bildet man dazu den Differenzenquotienten aus der Anodenstromänderung ΔI_a und der Gitterspannungsänderung ΔU_g. Für die Messwerte links von der Gitterspannung $U_g = -0,2\,\mathrm{V}$ des Arbeitspunktes erhält man die Steilheit

$$\frac{\Delta I_a}{\Delta U_g} = \frac{355\,\mu\mathrm{A} - 223\,\mu\mathrm{A}}{-0,2\,\mathrm{V} - (-0,3\,\mathrm{V})} = \frac{132\,\mu\mathrm{A}}{0,1\,\mathrm{V}} = 1,32\,\mathrm{mS},$$

für die Messwerte rechts von $U_g = 0,2\,\mathrm{V}$ erhält man

$$\frac{\Delta I_a}{\Delta U_g} = \frac{568\,\mu\mathrm{A} - 355\,\mu\mathrm{A}}{-0,1\,\mathrm{V} - (-0,2\,\mathrm{V})} = \frac{213\,\mu\mathrm{A}}{0,1\,\mathrm{V}} = 2,13\,\mathrm{mS}.$$

Damit ist zu erwarten, dass die tatsächliche Steilheit im Bereich von $1,32\,\mathrm{mS} < S < 2,13\,\mathrm{mS}$ liegt. Für weiterführende Rechnungen kann man den Mittelwert $S \approx \frac{1}{2}(1,32 + 2,13)\,\mathrm{mS} = 1,725\,\mathrm{mS}$ verwenden.

Über die Gleichspannungsverhältnisse legt man den Betriebspunkt der Triode fest. Für die Signalverstärkung (egal, ob NF oder HF) sind die Wechselspannungsverhältnisse von Interesse. Eine in diesem Zusammenhang wichtige

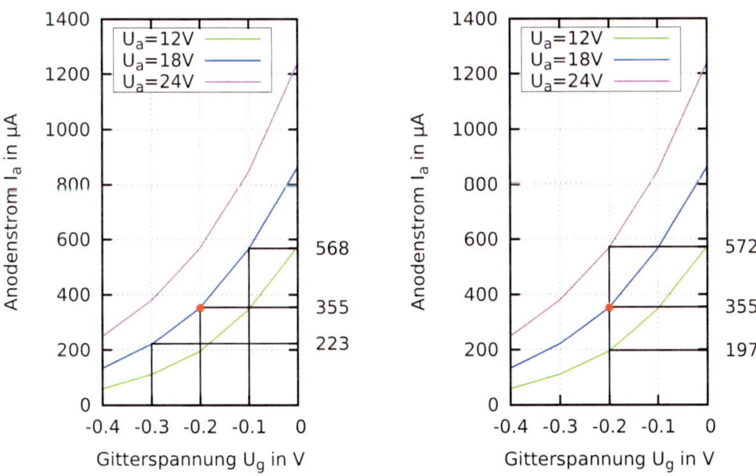

Abbildung 1.10: Bestimmung der Steilheit S (links) und des Wechselstrominnenwiderstands R_i (rechts) aus dem Anodenstrom-Gitterspannungs-Kennfeld der Triode EC92

Kenngröße ist der Wechselstrominnenwiderstand, der im Arbeitspunkt durch

$$R_i = \frac{\partial U_a}{\partial I_a} \tag{1.2}$$

definiert ist. Für die Anodenspannungsänderung ΔU_a von 18 V auf 12 V liest man aus Abb. 1.10 (rechts) die zugehörige Anodenstromänderung ab und berechnet damit

$$\frac{\Delta U_a}{\Delta I_a} = \frac{18\,\mathrm{V} - 12\,\mathrm{V}}{355\,\mu\mathrm{A} - 197\,\mu\mathrm{A}} = \frac{6\,\mathrm{V}}{158\,\mu\mathrm{A}} \approx 38\,\mathrm{k\Omega}$$

In ähnlicher Weise erhält man für den Bereich zwischen 18 V und 24 V den Widerstand

$$\frac{\Delta U_a}{\Delta I_a} = \frac{24\,\mathrm{V} - 18\,\mathrm{V}}{572\,\mu\mathrm{A} - 355\,\mu\mathrm{A}} = \frac{6\,\mathrm{V}}{217\,\mu\mathrm{A}} \approx 27{,}6\,\mathrm{k\Omega}.$$

Der Wechselstrominnenwiderstand wäre damit im Intervall $27{,}6\,\mathrm{k\Omega} < R_i <$

38 kΩ mit dem Mittelwert $R_i \approx \frac{1}{2}(27,6+38)\,\text{k}\Omega = 32,8\,\text{k}\Omega$ zu erwarten.

Eine weitere wichtige Kenngröße ist der Durchgriff

$$D = -\frac{\partial U_g}{\partial U_a} = \left|\frac{\partial U_g}{\partial U_a}\right|, \tag{1.3}$$

der angibt, in welchem Verhältnis sich Gitter- und Anodenspannung ändern müssen, damit der Anodenstrom konstant bleibt. Als Verhältnis zweier Spannungen ist der Durchgriff dimensionslos und wird typischerweise in Prozent angegeben. Der reziproke Wert des Durchgriffs ist der Verstärkungsfaktor von der Gitterspannungsänderung zur Anodenspannungsänderung:

$$\mu = \frac{1}{D} = \left|\frac{\partial U_a}{\partial U_g}\right|. \tag{1.4}$$

Diese sogenannte Leerlaufverstärkung gibt die theoretisch maximal erreichbare Verstärkung an.

Der Zusammenhang zwischen Innenwiderstand, Steilheit und Durchgriff wird durch die nach Heinrich Barkhausen benannte Röhrengleichung

$$S \cdot R_i \cdot D = 1 \tag{1.5}$$

beschrieben [12, § 18 und § 19]. Sind zwei der beteiligten Größen bekannt, dann kann man die dritte Größe berechnen. Anstelle des Durchgriffs kann man mit (1.4) und (1.5) auch die Leerlaufverstärkung bestimmen:

$$\mu = \frac{1}{D} = S \cdot R_i. \tag{1.6}$$

Für den betrachteten Arbeitspunkt der EC92 bei $U_a = 18\,\text{V}$ und $U_g = -0,2\,\text{V}$ erhält man den Verstärkungsfaktor $\mu \approx 1,725\,\text{mS} \cdot 32,8\,\text{k}\Omega = 56,58$. Trotz der niedrigen Anodenspannung stimmt dieser Wert fast mit dem im Datenblatt für $U_a = 200\,\text{V}$ und $U_g = -2\,\text{V}$ angegebenen Wert von $\mu = 60$ überein [40].

Eine Kennlinie im Gitterspanungs-Anodenstrom-Kennfeld beschreibt die Abhängigkeit des Anodenstroms von der Gitterspannung. Dabei wurde die Anodenspannung konstant gehalten. Sieht man zwischen der Anode und der

Betriebsspannung U_b einen Anodenwiderstand vor (siehe Abb. 1.11), so wird die jeweilige Anodenstromänderung in eine Spannungsänderung überführt. Die Triode arbeitet damit als Spannungsverstärker. Für eine im Arbeitspunkt festgelegte Anodenspannung U_a und einen Anodenstrom I_a ergibt sich bei einer vorgegebenen Betriebsspannung U_b für den Anodenwiderstand der Wert

$$R_a = \frac{U_b - U_a}{I_a}.$$

Bei der Wahl des Arbeitspunktes ist zusätzlich zu beachten, dass die laut Datenblatt maximal zulässige Verlustleistung

$$P_a = U_a \cdot I_a$$

nicht überschritten werden darf.

Wechselspannungsseitig sind der Innenwiderstand R_i und der Anodenwiderstand R_a parallelgeschaltet. Der Einfluss der Gitterspannung auf den durch den Anodenwiderstand fließenden Strom wird durch die Arbeitssteilheit

$$S_a = S \frac{R_i}{R_i + R_a} = \frac{S}{1 + \frac{R_a}{R_i}} \tag{1.7}$$

beschrieben. Durch die wechselspannungsseitige Parallelschaltung von R_i und R_a erhält man den Spannungsverstärkungsfaktor

$$\mu_a = S \frac{R_i \cdot R_a}{R_i + R_a}. \tag{1.8}$$

Für den Grenzübergang $R_a \to 0$ geht die Arbeitssteilheit (1.7) in die Steilheit (1.1) über und für $R_a \to \infty$ die Verstärkung (1.8) in die Leerlaufverstärkung (1.4).

Abb. 1.11 zeigt zwei Varianten einer Verstärkerschaltung mit Triode. Es handelt sich dabei um eine sogenannte Kathodenbasisschaltung, weil die Kathode das gemeinsames Bezugspotential für Eingangs- und Ausgangssignal darstellt. Das zu verstärkende Wechselspannungssignal (NF oder HF) wird über Kondensatoren eingespeist bzw. am Ausgang abgegriffen. Mit dieser kapazitiven Kopplung sind die einzelnen Verstärkerstufen gleichspannungsmäßig voneinander entkoppelt, d. h. man kann den Arbeitspunkt jeder Verstärkerstufe einzeln auslegen. Allerdings ist bei einer kapazitiven Kopplung keine Gleichstromverstärkung möglich. In [36] sind zahlreiche Rechen- und Übungsbeispiele zur Auslegung von Triodenschaltungen (insbesondere mit der Röhre EC92) zu finden.

Zur Einstellung des Arbeitspunkts, speziell der negativen Gittervorspannung, sind zwei Varianten üblich. Die schaltungstechnisch einfachste Möglichkeit besteht in der Gittervorspannungserzeugung durch Anlaufstrom. Dabei wird die Kathode direkt auf Masse gelegt und der Gitterabgleitwiderstand mit $R_g \approx 10\,\mathrm{M\Omega}$ sehr groß gewählt (siehe Abb. 1.11 (links)). Bei dieser Schaltungsvariante wird das Gitter durch von der Kathode emittierte Elektronen negativ aufgelagen. Den genauen Wert der Gittervorspannung kann man in diesem Fall kaum beeinflussen. Die Gittervorspannungserzeugung durch Anlaufstrom ist insbesondere bei großen Signalamplituden am Eingang problematisch, weil dann auch positive Gitterspannungen auftreten können.

In kommerziellen Rundfunkempfängern wird in der Regel auf die sogenannte automatische Gittervorspannungserzeugung zurückgegriffen (siehe Abb. 1.11 (rechts)). Für einen im Arbeitspunkt gewählten Anodenstrom wählt man den Kathodenwiderstand R_k mit $R_k = |\frac{U_g}{I_a}|$ derart, dass über ihm die gewünschte Gittervorspannung abfällt. Wechselspannungsseitig ist die Kathode über den Kondensator C_k mit der Masse verbunden. Der Kondensator dieser Kathodenkombination ist so auszulegen, dass die Eckfrequenz des RC-Gliedes unterhalb der niedrigsten zu verstärkenden Frequenz f liegt, d. h. $C_k \geq \frac{1}{2\pi f R_k}$. Tatsächlich sollte der Stützkondensator C_k etwas größer gewählt werden, da der Innenwiderstand der Kathode wechselspannungsseitig parallel zu R_k liegt und damit die Eckfrequenz des RC-Gliedes anhebt. Gleichstromseitig ist die Kathode durch die über R_k und C_k abfallende Spannung positiver als die Masse. Ohne Gitterstrom fällt über dem Widerstand $R_g \approx 100\,\mathrm{k\Omega} \ldots 1\,\mathrm{M\Omega}$ keine Spannung ab. Folglich ist das über den Widerstand R_g mit der Masse verbundene Gitter relativ zur Kathode negativ.

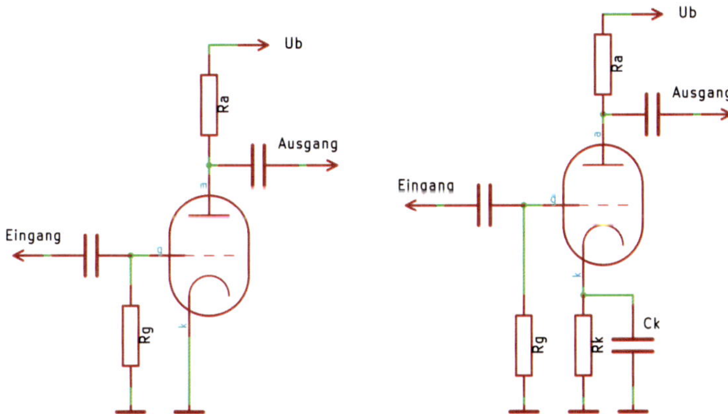

Abbildung 1.11: Verstärker in Kathodenbasisschaltung, Gittervorspannungserzeugung mit Anlaufstrom (links) bzw. automatische Gittervorspannungserzeugung (rechts)

1.3 Pentoden

Die Pentode (Fünfpolröhre) hat neben Anode und Kathode drei verschiedene Gitter: das Steuergitter g_1, das Schirmgitter g_2 und das Bremsgitter g_3 (siehe Abb. 1.12). Das zu verstärkende Spannungssignal wird in der Regel über das Steuergitter bereitgestellt. Mit dem Schirmgitter werden die Elektronen stärker in Richtung Anode beschleunigt. Das Bremsgitter liegt üblicherweise auf Masse. Bei manchen Pentoden ist es intern mit der Kathode verbunden. Die starke negative Ladung des Bremsgitters bewirkt, dass von der Anode keine ausgeschlagenen Elektronen zurückgeschleudert werden.

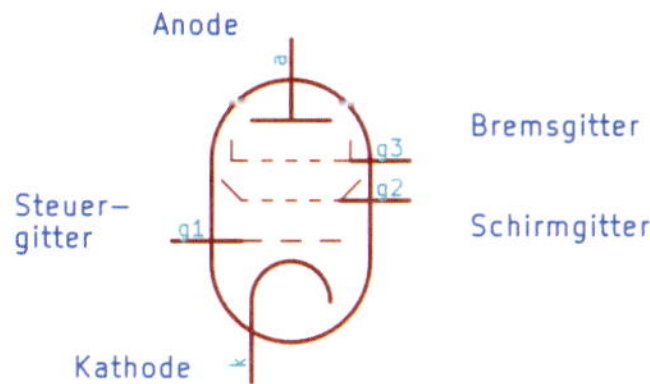

Abbildung 1.12: Schaltbild einer Pentode

Bei steilen Pentoden wird für Schirmgitter und Anode oft die gleiche Spannung angegebenen. Mit dem auf Masse liegenden Bremsgitter ist der Anodenstrom bei vorgegebener Anodenspannung dann nur noch von der Spannung U_{g1} am Steuergitter abhängig. Abb. 1.13 zeigt eine Versuchsanordnung zur Aufnahme des Anodenstrom-Steuergitterspannungs-Kennfeldes. Ein für die Röhre EF80 aufgenommenes Kennfeld ist Abb. 1.14 zu entnehmen.

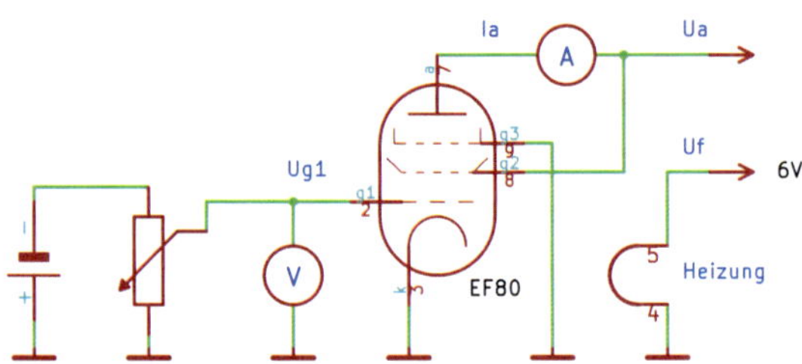

Abbildung 1.13: Versuchsanordnung zur Aufnahme des Anodenstrom-Steuergitterspannungs-Kennfeldes für die Pentode EF80

Im Allgemeinen haben Pentoden einen deutlich größeren Wechselstrominnenwiderstand R_i als Trioden. Bei vergleichbarer Steilheit beider Röhrentypen kann man daher mit Pentoden deutlich höhere Verstärkungen erzielen. Für den nominellen Betriebszustand der EF80 mit der Anodenspannung $U_a = 250\,\mathrm{V}$ sowie den Gitterspannungen $U_{g1} = -3,5\,\mathrm{V}$, $U_{g2} = 250\,\mathrm{V}$ und $U_{g3} = 0\,\mathrm{V}$ werden im Handbuch die Steilheit $S = 6,8\,\mathrm{mS}$ und der Innenwiderstand $R_i = 650\,\mathrm{k\Omega}$ angegeben [40]. Entsprechend Gl. (1.6) resultiert daraus die Leerlaufverstärkung $\mu = 4420$, die um den Faktor 60 höher ist als die der EC92. Bei den in Abb. 1.14 dokumentierten Messungen liegen Steilheit und Innenwiderstand in der gleichen Größenordnung wie bei der Triode EC92. Für die hier eingesetzten, niedrigen Anodenspannungen besteht somit kein deutlicher Unterschied zwischen den mit Trioden bzw. Pentoden erzielbaren Verstärkungen. Anstelle der Standardpentode EF80 sollte man dann eventuell die deutlich steilere Pentode EF184 verwenden.

Der Anodenstrom I_a hängt nicht nur von der Steuergitterspannung U_{g1}, sondern auch von der Schirmgitterspannung U_{g2} ab. Für eine Schirmgitterspannung nahe der Anodenspannung bietet sich die in Abb. 1.15 (links) gezeigte Schaltung an. Hierbei ist das Schirmgitter über den Widerstand R_{g2} mit der anodenseitigen

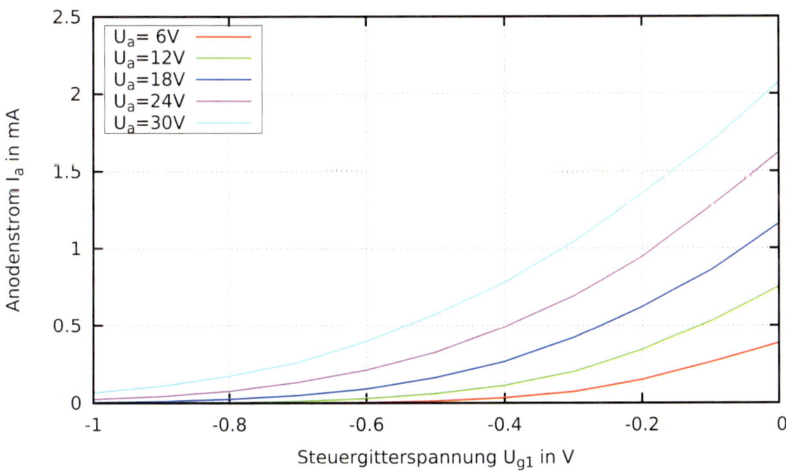

Abbildung 1.14: Anodenstrom-Steuergitterspannungs-Kennfeld der steilen HF-Pentode EF80 bei $U_a = U_{g2}$

Betriebsspannung U_b verbunden. Die Schirmgitterspannung ist daher nur geringfügig kleiner als die Anodenspannung. Für Widerstand R_{g2} sind je nach Anwendung Werte im Bereich von $47\,\mathrm{k\Omega} \ldots 2,2\,\mathrm{M\Omega}$ üblich. Über den zusätzlichen Kondensator liegt das Schirmgitter wechselspannungsseitig auf Masse, wodurch die Rückwirkung der Anode auf die Kathode unterdrückt wird. Bei Leistungspentoden verbindet man das Schirmgitter auch oft direkt mit der anodenseitigen Betriebspannung. In diesem Fall kann man auf einen zusätzlichen Stützkondensator verzichten. Liegt dagegen die gewünschte Schirmgitterspannung deutlich unter der Anodenspannung, dann bietet sich die in Abb. 1.15 (rechts) gezeigte Schaltungsvariante mit einem durch einen Einstellregler realisierten Spannungsteiler an. Mit dem Einstellregler kann man über die Schirmgitterspannung die Verstärkung der Röhre beeinflussen.

Grundsätzlich lässt sich die Verstärkung jeder Pentodenstufe über die Gleichspannungsverhältnisse an Steuer- und Schirmgitter beeinflussen. Für eine gezielte Beeinflussung der Verstärkung wurden sogenannte Regelpentoden entwickelt, bei denen sich die Steilheit im Anodenstrom-Gitterspannungskennfeld

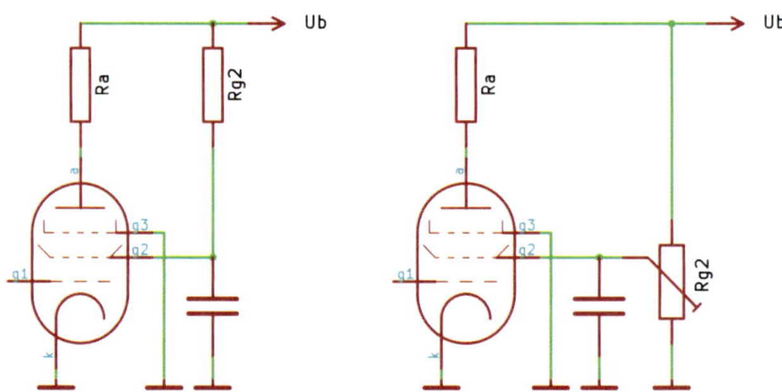

Abbildung 1.15: Möglichkeiten zur Schirmgitterspannungserzeugung

sanft ändert. Abb. 1.16 zeigt das Anodenstrom-Steuergitterspannungs-Kennfeld der Regelpentode EF85 in Abhängigkeit von der Schirmgitterspannung U_{g2} bei der Anodenspannung $U_a = 18\,\mathrm{V}$. Aus dem Kennlinienfeld ist unmittelbar ersichtlich, dass sich die Steilheit bei fester Steuergittervorspannung U_{g1} in starkem Maße über die Schirmgitterspannung U_{g2} beeinflussen lässt. Ein typisches Anwendungsfeld der Regelpentoden ist die automatische Verstärkungsregelung (Automatic Gain Control, AGC). Statt der Regelpentode EF85 kann man bei niedrigen Anodenspannungen auch die moderne Röhre EF183 [13] einsetzen (siehe auch [19, Abschnitt 7.6]).

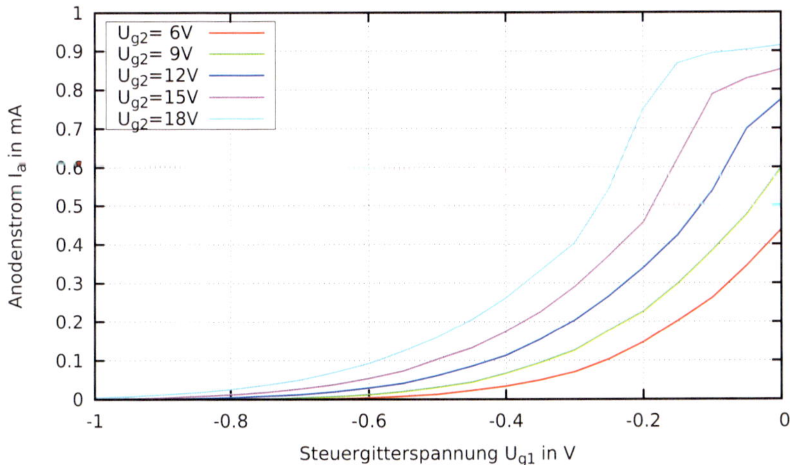

Abbildung 1.16: Anodenstrom-Steuergitterspannungs-Kennfeld der Regelpentode EF85 in Abhängigkeit von der Schirmgitterspannung U_{g2} bei der Anodenspannung $U_a = 18\,\mathrm{V}$

1.4 Heptoden

Die Heptode (Siebenpolröhre) ist eine Röhre mit fünf Gittern. Man kann die Heptode als Kombination zweier Pentoden verstehen. Sie verfügt über zwei Steuergitter g_1 und g_3, über die verschiedene Signale eingespeist werden können. Nach jedem Steuergitter kommt ein Schirmgitter. Die zwei Schirmgitter g_2 und g_4 sind in der Regel elektrisch miteinander verbunden. Das letzte Gitter g_5 ist ein gemeinsames Bremsgitter, welches typischerweise mit der Kathode verbunden ist. Abb. 1.17 zeigt das Schaltbild einer solchen Heptode.

Heptoden kommen zur multiplikativen Mischung in Überlagerungsempfängern zum Einsatz. An einem Steuergitter wird das Empfangssignal mit der Frequenz f_1 eingespeist, am anderen Steuergitter ein mit einem Oszillator erzeugtes Signal der Frequenz f_2. Bei der Mischung entstehen Signalanteile mit der Summe als auch der Differenz der Frequenzen, d. h. $f_1 \pm f_2$. Je nach Auslegung des Zwischenfrequenz-Filters gelangt nur eine der beiden Frequenzen (d. h. $f_1 + f_2$ oder $f_1 - f_2$) zur nächsten Stufe des ZF-Verstärkers.

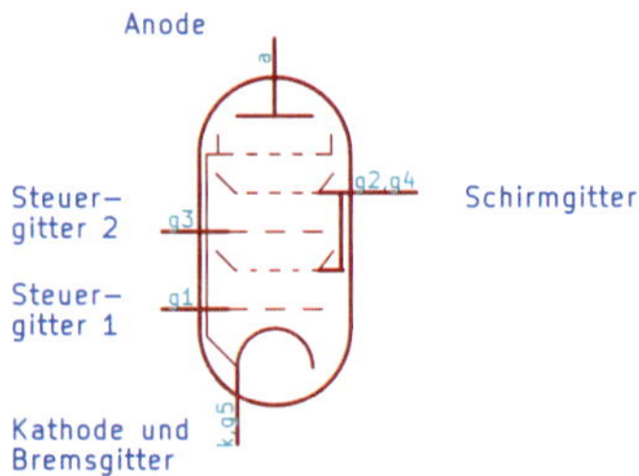

Abbildung 1.17: Schaltbild einer Heptode

In dieser Anwendung als multiplikative Mischstufe ist die Heptode am ehesten mit einem Dual-Gate-MOSFET (Metall-Oxid-Halbleiter-Feldeffekttransistor) vergleichbar (siehe z. B. [63, S. 476]).

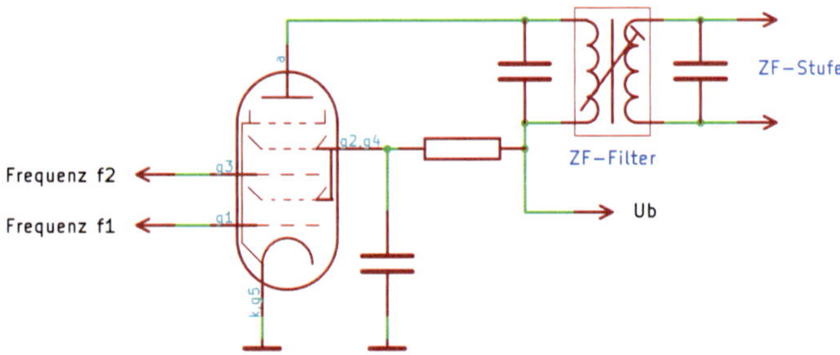

Abbildung 1.18: Grundschaltung zur multiplikativen Mischung mit einer Heptode

Kapitel 2

Detektorempfänger

Der Detektorempfänger stellt die Urform des Rundfunkempfängers dar. Nahezu jedes Radiobastelbuch behandelt als erste Empfangsschaltung für eigene Experimente den Diodendetektor (siehe z. B. [33]). Es gibt ganze Bücher, die sich ausschließlich dem Detektorempfänger zuwenden [35]. Detektorschaltungen werden auch heute noch von Zeit zu Zeit in Elektronikzeitschriften behandelt [26, 59]. Die in diesem Kapitel verwendeten Röhrendioden stammen allerdings nicht mehr aus der Zeit des Detektorempfänger, sondern wurden zur Demodulation in Überlagerungsempfängern entwickelt.

2.1 Diodendetektor

Abb. 2.1 zeigt die zwei gängigen Grundschaltungen für einen Diodendetektor. Beide Schaltungsvarianten bestehen aus einem für den gewünschten Frequenzbereich ausgelegten Schwingkreis, einer Diode und einem RC-Glied. In dem einen Fall sind die Diode und das RC-Siebglied in Reihe geschaltet, im anderen Fall liegt die Diode parallel zum Widerstand. In der Reihenschaltung wird nur eine Halbwelle durchgelassen. Bei der Parallelschaltung wird dagegen bei einer Halbwelle der Widerstand über die Diode kurzgeschlossen. Der Schwingkreis wird daher im Falle der Reihenschaltung weniger gedämpft als bei der Parallelschaltung [32, Kapitel P, Abschnitt 5]. Aus diesem Grund favorisiert man in der Regel die Reihenschaltung. Mit R1 und C2 wird aus dem gleichgerichteten hochfrequenten Signal die niederfrequente Hüllkurve rekonstruiert.

Bei der Reihenschaltung wird dabei der hochfrequente Signalanteil (d. h. das Trägersignal) unterdrückt. Bei der Parallelschaltung liegt am NF-Ausgang zusätzlich noch das HF-Signal vor. Die Grenzfrequenz des RC-Siebgliedes sollte in der Größenordnung der maximalen Bandbreite des jeweiligen Emfangsbereiches liegen. Für den Mittelwellenempfang ergibt sich aus dem Kanalabstand der Sender von 9 kHz die maximale Bandbreite von 4,5 kHz. Der Widerstand R1 des RC-Gliedes sollte dabei möglichst groß gewählt werden, um den Schwingkreis nicht unnötig zu belasten. Eine starke Belastung des Schwingkreises würde nicht nur zu einer geringeren Lautstärke führen, sondern auch die Trennschärfe verschlechtern.

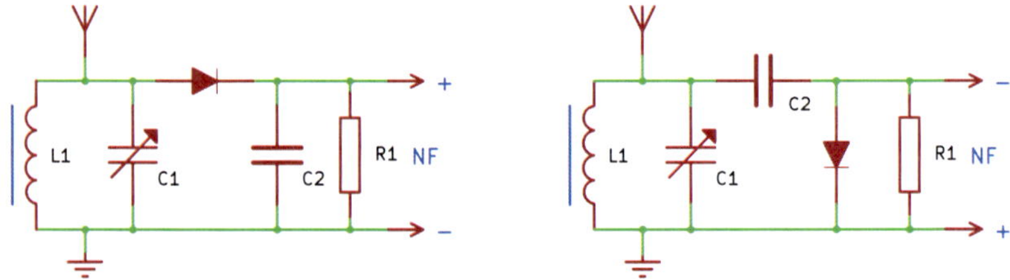

Abbildung 2.1: Diodendetektor in Reihenschaltung (links), in Parallelschaltung (rechts)

Bei Halbleiterdioden fließt erst ab der sog. Schleusen- oder Schwellenspannung ein merklicher Strom. Diese Schleusenspannung beträgt bei Germaniumdioden etwa 0,2 V und bei Siliziumdioden etwa 0,7 V. Daher werden wir hier Germaniumdioden einsetzen. Bei Kleinsignalanwendungen verwendet man Spitzendioden. Für die Detektorschaltungen ist beispielsweise der ältere Diodentyp OA685 geeignet oder die GA100 aus DDR-Produktion. Als neuere Germaniumdiode wäre die AA112 zu nennen. Alternativ kann man auch Schottkydioden einsetzen. Diese haben keinen pn-Übergang, sondern einen Halbleiter-Metall-Übergang. Dadurch haben Schottky-Dioden eine ähnlich geringe Schleusenspannung wie Germaniumdioden. Für die Detektorgleichrichtung sind beispielsweise die Typen BAT43 und BAT48 geeignet. Die Strom-Spannungskennlinien einiger Dioden, darunter zum Vergleich auch die der Universal-Silizium-Diode 1N4148 sowie der im Abschnitt 2.2 verwendeten Röhrendiode EAA91, sind in Abb. 2.2 dargestellt. Zur Auswahl von Halbleiterdioden für den Detektoreinsatz unter Berücksichtigung des jeweiligen Frequenzbereichs sei auf [60] verwiesen.

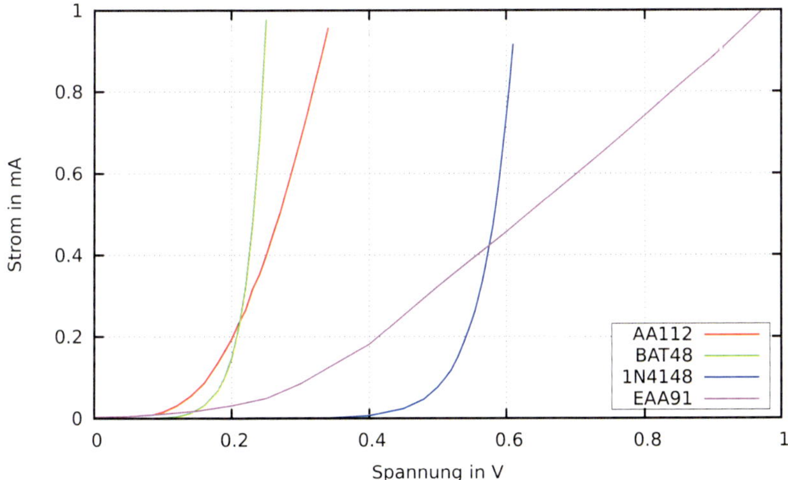

Abbildung 2.2: Strom-Spannungskennlinien verschiedener Dioden

Mit der in Abb. 2.1 gezeigten Reihenschaltungen ist man mit einem Kristallohrhörer in der Lage, den jeweiligen Ortssender (so noch vorhanden) zu empfangen. Dazu wird eine Seite des Schwingkreises geerdet (z. B. durch Anschluss an einen Heizkörper) und die andere Seite mit 3 ... 5 m Draht als Antenne verbunden. Den Kristallohrhörer S83K verbindet man mit dem NF-Ausgang. Mit einer RLC-Messbrücke wurde für den Ohrhöhrer eine Kapazität von 30 nF in Reihe mit einem Widerstandswert von 160 kΩ bei einer Messfrequenz von 1 kHz ermittelt. Durch den hohen Widerstand des Kristallohrhörers wird der Schwingkreis nur wenig gedämpft. Die Wandlung der elektrischen Spannung in eine hörbare Schwingung erfolgt durch eine Piezokeramik, die elektrisch im Wesentlichen als Kapazität aufzufassen ist. Folglich kann der Kondensator des RC-Gliedes entfallen. Damit sich die Kapazität wieder entladen kann ist ein ohmscher Widerstand parallel zu schalten. Als günstig haben sich Widerstandswerte von ca. 47 ... 150 kΩ erwiesen (siehe Abb. 2.3).

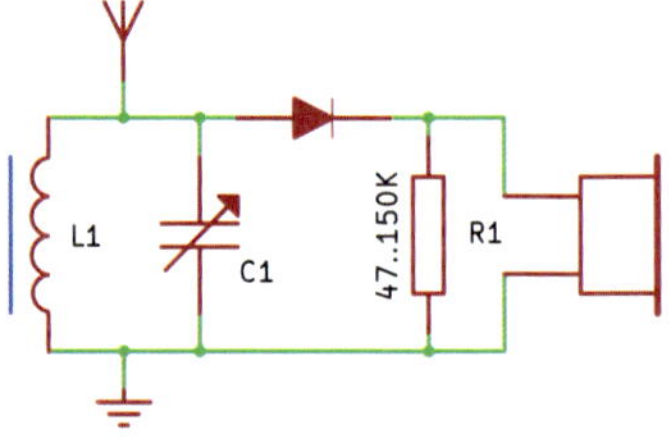

Abbildung 2.3: Kristallohrhörer S83K (links) und angepasste Detektorschaltung (rechts)

Die heute üblichen Kopf- bzw. Ohrhörer sind aufgrund ihrer niedrigen Impedanz von typischerweise 32 Ω nicht für den direkten Anschluss an die in Abb. 2.1 angegebenen Detektorschaltungen geeignet. Mit einem Übertrager lässt sich eine Impedanzanpassung vornehmen. Im einfachsten Fall setzt man dazu einen 6 V-Klingeltrafo ein. Bei einer Umsetzung von 220 V bzw. 230 V auf 6 V ergibt sich ein Spannungsübersetzungsverhältnis von 36²/₃ bzw. 38¹/₃, d. h. etwa von 37. Das Verhältnis der Impedanzen zwischen Primär- und Sekundärwicklung ist das Quadrat dieses Übersetzungsverhältnisses, d. h. die Impedanz wird um den Faktor von ca. $37^2 \approx 1400$ umgesetzt. Schaltet man die beiden Kapseln eines Stereokopfhörers parallel, so ergibt sich zunächst eine Impedanz von 16 Ω, die durch den Übertrager auf ca. $16\,\Omega \cdot 1400 \approx 22\,\mathrm{k}\Omega$ angepasst wird. Bei der in Abb. 2.4 vorgeschlagenen Parallelschaltung der Kopfhörerkapseln erhält man eine Impedanz von 64 Ω, die dann auf $64\,\Omega \cdot 1400 \approx 90\,\mathrm{k}\Omega$ umgesetzt wird.

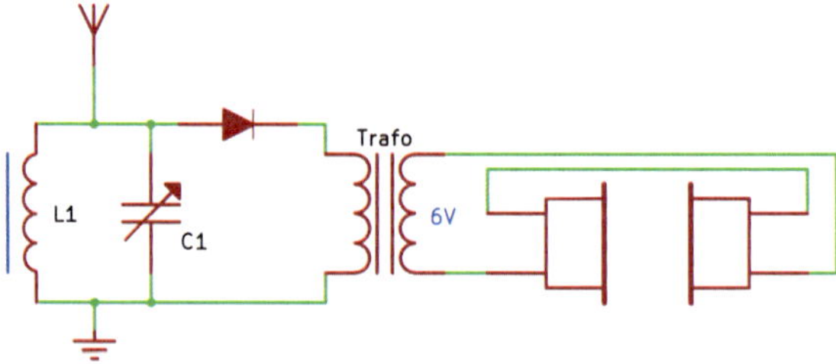

Abbildung 2.4: Detektorempfänger mit Impedanzanpassung durch einen Übertrager

Lange Zeit waren (insbesondere für Transistorgeräte) auch dynamische Kopfhörer mit vergleichsweise hohen Impedanzen von 2 kΩ oder mehr üblich. Diese kann man auch direkt mit den Detektorschaltungen aus Abb. 2.1 betreiben. Für eine hohe Trennschärfe wäre allerdings auch hier eine Impedanzanpassung wunschenswert. Abb 2.5 zeigt eine Detektorschaltung mit einem einstufigen Transistorverstärker. Der eingesetzte Sperrschicht Feldeffekttransistor (FET) BF245 hat einen sehr hohen Eingangswiderstand und wird in Source-Schaltung [48, Abschnitt 3.4] betrieben. Alternativ kann auch der russische Äquivalenztyp KП303 verwendet werden. Wegen des hohen Eingangswiderstandes wurde der Widerstand R1 des zum Detektor gehörenden RC-Gliedes mit 1 MΩ vergleichsweise groß gewählt. Zusammen mit dem 47 pF-Kondensator C2 erhält man die Eckfrequenz von $f = \frac{1}{2\pi R_1 C_2} \approx 3,4\,\text{kHz}$. Der Sourcewiderstand R2, der als Einstellregler ausgeführt ist, dient der Arbeitspunkteinstellung des FETs. In Verbindung mit R1 wird dadurch eine negative Gatevorspannung erzeugt. Die größte Lautstärke wurde bei einem Sourcewiderstand von ca. 10 . . . 15 kΩ erzielt, wobei die Spannungsversorgung über einen 9 V-Block erfolgte. Man kann sogar mehrere FETs parallel schalten, um insgesamt eine höhere Steilheit und damit eine höhere Verstärkung zu erzielen. Der verwendete Kopfhörer hatte einen ohmschen Widerstand von knapp 4 kΩ. Ähnliche Detektorschaltungen mit FET-Eingangsstufe sind beispielsweise in [59] und [61, S. 25] zu finden.

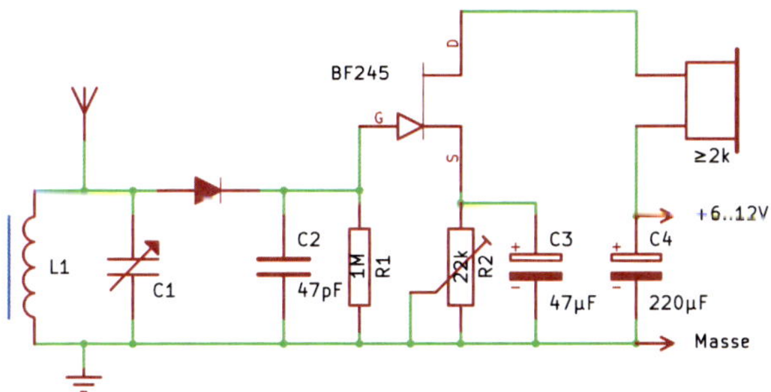

Abbildung 2.5: Diodendetektor mit hochohmigem Abgriff durch Sperrschicht-FET

Als nächstes soll die Detektorschaltung um einen 1 W-NF-Leistungsverstärker erweitert werden. Trotzdem ist weiterhin der hochohmige Abgriff am Schwingkreis zu gewährleisten. Wir modifizieren dazu die FET-Beschaltung zu einer Drainschaltung (Sourcefolger). Die Spannungsverstärkung dieser Schaltung ist immer kleiner als 1. An der in Abb. 2.6 gezeigten Schaltung wurde die Verstärkung 0,85 gemessen. Als Verstärkerschaltkreis wird der IC TDA7052 eingesetzt. Der Glättungkondensator C4 sollte nahe am IC angebracht werden. Falls das konstruktiv nicht möglich ist, muss die Betriebsspannung am IC zusätzlich mit einem 100 nF-Kondensator abgepuffert werden. Die Lautstärkesteuerung erfolgt über ein logarithmisches Potentiometer.

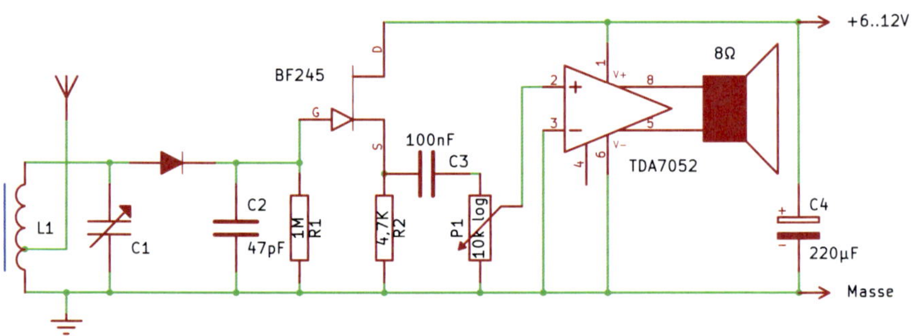

Abbildung 2.6: Detektorempfänger mit NF-Leistungsverstärker TDA7052

Die Schaltung kann in gleicher Weise mit dem Nachfolgetyp TDA7052A des TDA7052 betrieben werden. Allerdings verfügt der TDA7052A zusätzlich über eine interne Verstärkungssteuerung, bei der die Verstärkung über ein lineares 1 MΩ-Potentionmeter eingestellt wird (Abb. 2.7). Diese Schaltungsvariante hat den Vorteil, dass das Lautstärkepotentiometer nicht im direkten Signalpfad liegt. Die Schaltung ist daher weniger anfällig gegenüber Störungen. Ebenso kann man den etwas schwerer zu beschaffenden Verstärkerschaltkreis TDA7052B einsetzen. Die maximale Verstärkung wird dabei von etwa 35 dB auf ca. 40 dB angehoben [8]. Der in Dezibel angegebene Wert ist der zwanzigfache dekadische Logarithmus des Spannungsverstärkungsfaktors, d. h. die Spannungsverstärkung beträgt $10^{\frac{35}{20}} = 10^{1,5} \approx 32$ beim TDA7052A und $10^{\frac{40}{20}} = 10^2 = 100$ beim TDA7052B.

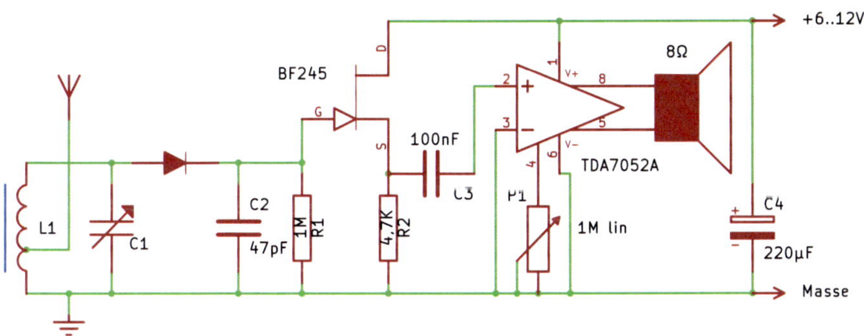

Abbildung 2.7: Detektorempfänger und NF-Leistungsverstärker mit integrierter Lautstärkesteuerung

2.2 Detektorempfänger mit Röhrendioden

Die Halbleiterdioden der im vorangegangenen Abschnitt gezeigten Empfänger kann man bei hochohmigem Abgriff des NF-Signals durch eine Röhrendiode ersetzen. Dafür lässt sich die Doppeldiode EAA91, die eigentlich für Demodulationsschaltungen frequenzmodulierter Signale entwickelt wurde (z. B. Phasendiskriminator oder Ratiodetektor in UKW-Empfängern), einsetzen. Die EAA91 ist auch unter der Bezeichnung EB91 verfügbar. Alternativ ist die kompatible russische Röhre 6X2П einsetzbar.

Abb. 2.8 zeigt eine entsprechende Modifikation der in Abb. 2.3 gezeigten Detektorschaltung für einen Kristallohrhörer mit der EAA91. Die Schaltung basiert auf den von Burkhard Kainka in [26, 27] vorgestellten Entwürfen. Wie in Abb. 2.3 wurde auf den Glättungskondensator verzichtet. Die Heizung für die EAA91 kann in dieser Schaltungsvariante sowohl mit Gleich- als auch mit Wechselspannung erfolgen. Die Heizspannung von 6 V lässt sich beispielsweise mit einem Klingeltrafo bereitstellen.

Anstelle der EAA91 kann man ebenso die bis auf die Heizung baugleiche Röhre UAA91 einsetzen. Die UAA91 ist für Serienheizung mit einem Heizstrom von 100 mA bei einer Heizspannung von 19 V vorgesehen. Zur Versorgung der Heizung reichen zwei in Reihe geschaltete 9 V-Blöcke aus.

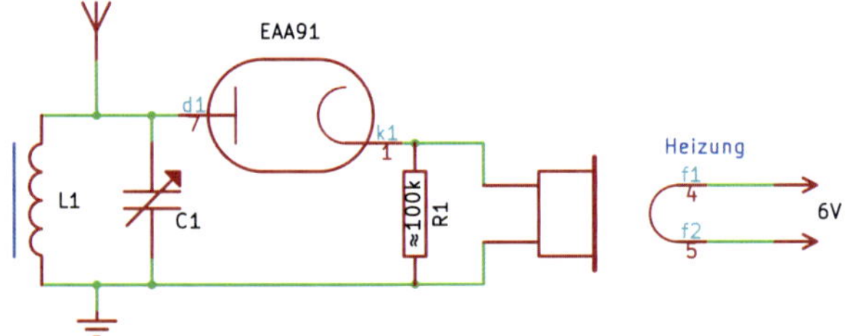

Abbildung 2.8: Detektorempfänger mit EAA91 für Kristallohrhörer

Im nächsten Schritt wird die zur Demodulation eingesetzte Detektorschaltung um einen NF-Verstärker mit hochohmigem Eingang ergänzt. Die erforderliche Schaltungsanpassung ist in Abb. 2.9 angegeben. Als Betriebsspannung für den FET und IC TDA7052A würde man dann die Heizspannung von 6 V verwenden. Dafür muss eine Gleichspannung bereitgestellt werden, z. B. durch Akkus bzw. Batterien oder ein stabilisiertes Netzteil. Zur Entlastung des Schwingkreises und damit zur Erhöhung der Trennschäfe wird die Antenne nicht am Hochpunkt, sondern an einem Abzweig des Schwingkreisspule angeschlossen.

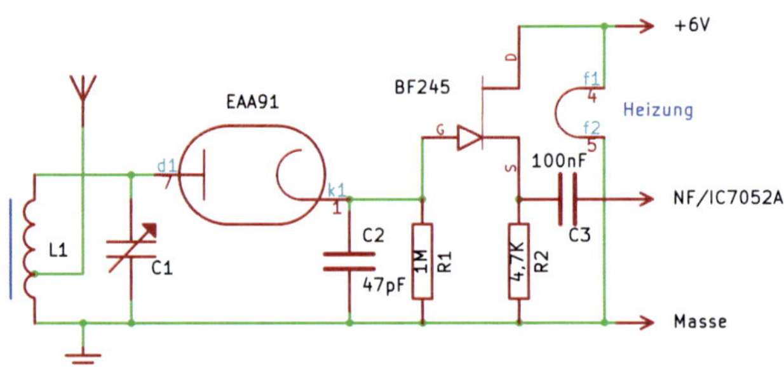

Abbildung 2.9: Detektorempfänger mit EAA91 und FET

Beim Aufbau wurde der Drehkondensator des FM-Tuners RFT 4413.13-02 verwendet. Die Maximalkapazität des Drehkondensators wird mit $C_1 = 330\,\text{pF}$ angegeben. Für die untere Frequenz $f \approx 500\,\text{kHz}$ des Mittelwellenbereichs ergibt sich die Schwingkreisinduktivität $L_1 = \frac{1}{(2\pi f)^2 C_1} \approx 307\,\mu\text{H}$. Der von Conrad Electronic bezogene Ferritstab mit einem Durchmesser von 8 mm und einer Länge von 50 mm hat eine Induktivitätskonstante von $A_L \approx 40\,\text{nH}/N^2$. Für die vorgegebene Induktivität sind dementsprechend $N = \sqrt{L_1/A_L} \approx 60$ Windungen aufzubringen. Abb. 2.10 zeigt den Prototypaufbau.

Abbildung 2.10: Aufbau des Detektorempfängers mit EAA91, BF245 und TDA7052A

Mit einer kleinen Schaltungsanpassung kann man die Detektorschaltung auch mit der für Allstromgeräte vorgesehenen Röhre UAA91 betreiben (siehe Abb. 2.11). Für die Heizung würde man 18 V über zwei 9 V-Blöcke zur Verfügung stellen. Den FET und den NF-IC TDA7052A versorgt man über den ersten 9 V-Block.

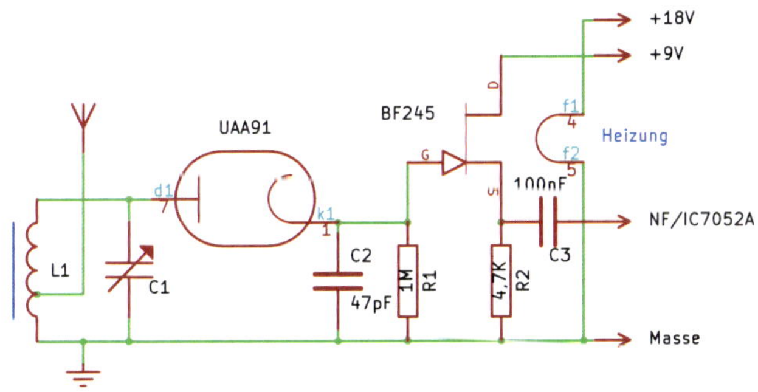

Abbildung 2.11: Detektorempfänger mit UAA91 und FET

Die Röhrensysteme mit den Typenbezeichnungen A und B (Diode bzw. Doppeldiode) sind unmittelbar für den Einsatz in Demodulatoren vorgesehen. Im Unterschied dazu sind Röhrensysteme mit der Bezeichnung Y und Z zwar auch Dioden, aber zur Gleichrichtung bei der Stromversorgung vorgesehen. Ein typisches Beispiel sind die Hochspannungs-Gleichrichterröhren DY86 und EY86, die für Zeilentrafos in Fernsehgeräten entwickelt wurden und sich untereinander nur hinsichtlich ihrer Heizung unterscheiden. Als Betriebswert ist eine Anodenspannung von 18 kV (!) angegeben. Trotzdem kann man auch mit diesen Röhren einen Detektorempfänger aufbauen. Beide Röhren sind indirekt geheizt, aber die Kathode ist elektrisch mit einem der Heizanschlüsse verbunden. Daher muss man die Detektorschaltung so ändern, dass die Kathode auf Masse liegt. Das lässt sich erreichen, indem man die in Abb. 2.1 angegebene Parallelschaltung einsetzt. Ein entsprechender Schaltungsvorschlag, der mit der EY86 erprobt wurde, ist Abb. 2.12 zu entnehmen. Das zur Demodulation erforderliche RC-Glied wird durch R1 und C2 gebildet. Mit der EY86 ist die Signalstärke beim Empfang etwas geringer als bei der EAA91. Dafür benötigt die EY86 auch deutlich weniger Strom für die Heizung als die EAA91, nämlich 90 mA statt 300 mA.

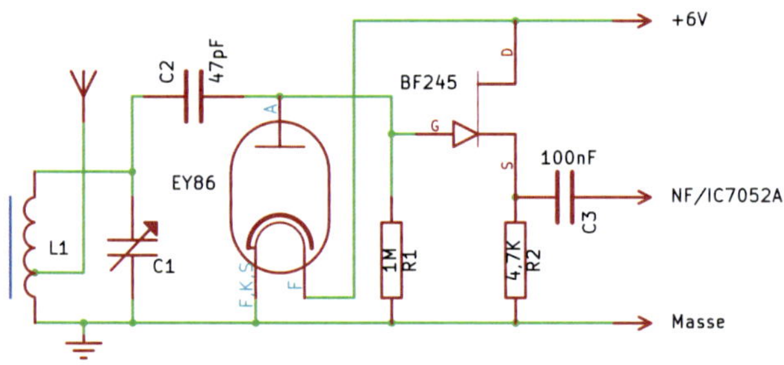

Abbildung 2.12: Detektorempfänger mit EY86

Setzt man statt der EY86 eine DY86 ein, dann benötigt man 1,4 V Heizspannung und 530 mA Heizstrom. Zur Heizung der Röhre DY86 müsste man eine Monozelle verwenden. An dieser Stelle bietet sich der Einsatz einer Batterieröhre an (siehe auch Abschnitt 2.7). Prinzipiell wäre die Gleichrichterröhre DA90 (bzw. der Äquivalenztyp 1A3) mit 1,4 V Heizspannung und einem Strombedarf von 150 mA geeignet. Diese Röhre ist jedoch vergleichsweise selten und daher schwer zu beschaffen. Alternativ lässt sich der Gleichrichterteil der Röhre DAF96, die bei 1,4 V mit einem Heizstrom von 25 mA auskommt, einsetzen. Die Kennlinien der verschiedenen Röhrendioden sind zum Vergleich in Abb. 2.13 wiedergegeben.

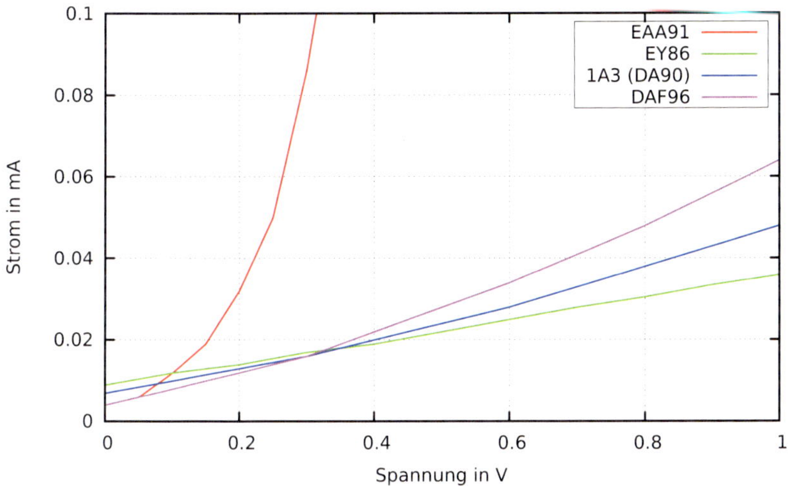

Abbildung 2.13: Strom-Spannungskennlinien verschiedener Röhrendioden

Die Röhre DAF96 ist direkt geheizt, wodurch die Kathode ohnehin wechselspannungsseitig auf Masse liegt und die Gleichrichtung daher wie bei der EY86 bzw. DY86 über die Parallelschaltung erfolgt (siehe Abb. 2.14). Die in der Röhre ebenfalls enthaltene Pentode wird hier ignoriert. Damit braucht man auch keine hohe Anodenspannung. Da der NF-Verstärker-IC TDA7052A für 1,5 V nicht vorgesehen ist [38], kann man die Betriebspannung von 6 V belassen und erzeugt die Heizspannung von 1,4 V über einen variablen Spannungsregler LM317. Aufgrund des niedrigen Heizstromes kann man auch die 100 mA-Variante LM317LP bzw. TL317LP einsetzen. Ebenso lässt sich der B3170/3171 aus DDR-Restbeständen verwenden. Die Ausgangsspannung wird entsprechend

$$U_{\text{out}} = U_{\text{ref}} \left(1 + \frac{R_3}{R_4}\right)$$

durch den aus $R3$ und $R4$ bestehenden Spannungsteiler festgelegt. Für die gewünschte Ausgangsspannung $U_{\text{out}} = 1,4\,\text{V}$ und der internen Referenzspannungsquelle des Spannungsreglers mit $U_{\text{ref}} = 1,25\,\text{V}$ ergibt sich das Widerstandsverhältnis $R_4 = 0.12\,R_3$. Aus $R_3 = 470\,\Omega$ erhält man damit $R_4 \approx 56\,\Omega$. Um bei Schaltungsfehlern die Röhre zumindest etwas schützen zu können wurde parallel zum Heizfaden eine Z-Diode vorgesehen. Der kleinste verfügbare Spannungswert liegt bei Z-Dioden allerdings bei etwas $2,7\,\text{V}$ und damit etwa beim doppelten Wert der nominellen Heizspannung.

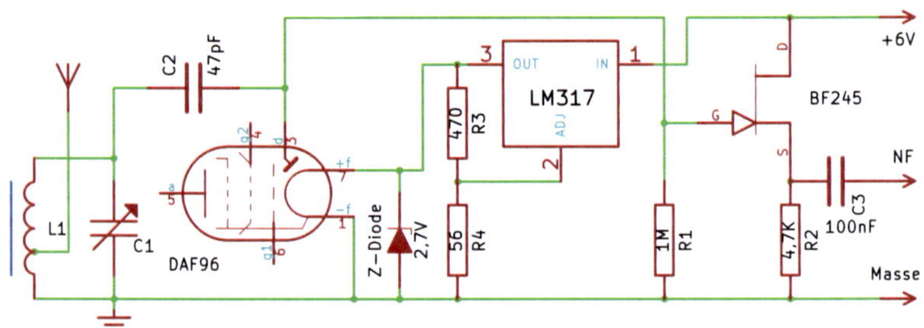

Abbildung 2.14: Detektorempfänger mit DAF96

In einem nächsten Schritt kann man versuchen, die komplette Schaltung für ca. 1,5 V auszulegen und mit einer einzigen Zelle zur Stromversorgung zu betreiben. Die bisher verwendete hochohmige FET-Stufe ist für eine so niedrige Spannung nicht mehr geeignet und muss durch eine passende Schaltung mit Bipolartransistoren ersetzt werden. Ein hoher Eingangswiderstand lässt sich grundsätzlich mit der Kollektorschaltung realisieren. Der Eingangswiderstand ergibt dann näherungsweise aus dem Produkt von Emitterwiderstand und Stromverstärkungsfaktor des Transistors. Bei der in Abb. 2.15 gezeigten Schaltung kommt eine komplementäre Kollektorschaltung zum Einsatz, die aus dem npn-Transistor T1 und dem pnp-Transistor T2 besteht und dadurch besonders hochohmig ist. Die nachfolgenden drei Verstärkerstufen mit den npn-Transistoren T3-T5 sind in Emitterschaltung mit Stromgegenkopplung ausgeführt. In der Versuchsschaltung wurde zur akustischen Wiedergabe ein ausgedienter PC-Lautsprecher eingesetzt.

Die Schaltung aus Abb. 2.15 lieferte nur mit Erdung und einer Antenne von

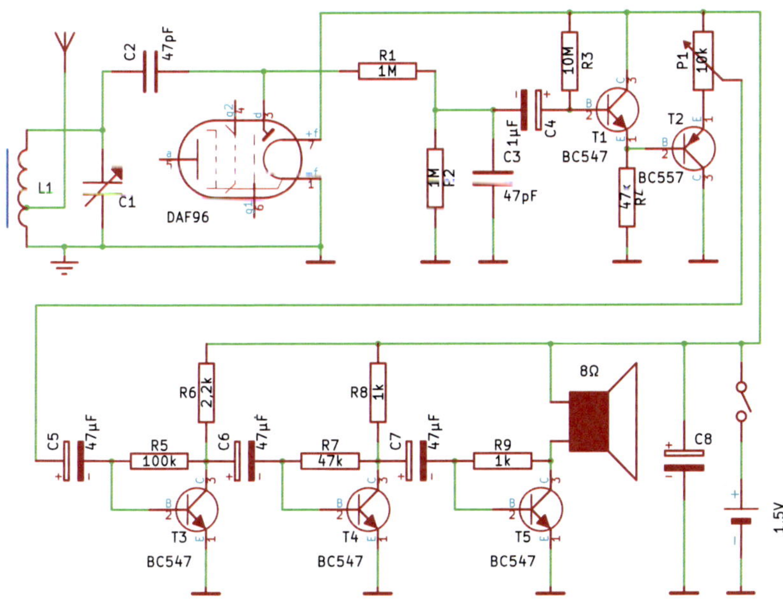

Abbildung 2.15: Detektorempfänger mit DAF96 und Transistor-NF-Verstärker

1...2 m Länge brauchbare Empfangsergebnisse. Für den mobilen Einsatz als Taschenempfänger ist sie somit noch nicht geeignet und soll daher um eine HF-Vorstufe ergänzt werden. Ein entsprechender Schaltungsvorschlag ist Abb. 2.16 zu entnehmen. Die Vorstufe ist zweistufig aufgebaut. Die verwendeten Transistoren BC547 sind für den Mittelwellenbereich schnell genug. Beide Transistoren werden in Emitterschaltung mit Stromgegenkopplung betrieben. Die Emitterstufe mit T6 ist eingangsseitig vergleichsweise niederohmig. Um den Schwingkreis nicht zu stark zu belasten erfolgt der Abgriff über die Spule L2, welche ca. 10 % der Windungen von L1 besitzen sollte. Aus dem Wicklungsverhältniss von 1 : 10 ergibt sich ein Impedanzverhältnis von 1 : 100, d. h. die Schwingkreisbelastung entspricht dem 100-fachen Eingangswiderstand der ersten Transistorstufe.

In Vorverstärkern würde man den Kollektorwiderstand in der Regel sehr groß wählen, um damit auch eine große Verstärkung zu erhalten. Bei HF-Verstärkern ist das nicht sinnvoll, da dann parasitäre Kapazitäten zur Geltung kommen

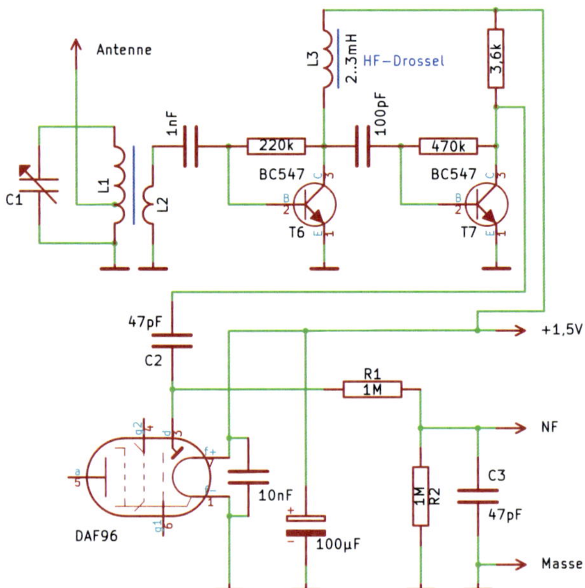

Abbildung 2.16: HF-Vorstufe für Detektorempfänger mit DAF96

und das HF-Signal praktisch kurzschließen. Eine Möglichkeit, dieses Problem zu umgehen besteht darin, statt eines ohmschen Kollektorwiderstandes eine Induktivität einzusetzen (siehe erste Verstärkerstufe mit T6 und L3). Die Induktivität hat dann für hohe Frequenzen eine große Impedanz und dadurch hat die Stufe eine hohe HF-Verstärkung. Für den Aufbau der HF-Drossel L3 verwendet man einen Spulenkörper für den vorgesehenen Frequenzbereich und bringt darauf möglichst viele Windungen eines dünnen Kupferlackdrahtes unter. Beim Probeaufbau kam der Spulenkörper T1.4 zum Einsatz, der für Frequenzen bis 15 MHz geeignet ist. Für die angegebene Induktivität von $2,5\,\mathrm{mH}$ benötigt man bei der im Datenblatt des Spulenkörpers angegebenen Induktivitätskonstante von $A_L \approx 5\,\mathrm{nH}/N^2$ ca. $N \approx 700$ Windungen. Mit dieser Induktivität von ca. $2,5\,\mathrm{mH}$ und einer typischen Mittelwellenfrequenz von $1\,\mathrm{MHz}$ ergibt sich dann die Impedanz von $2\pi\, f\, L_3 = 2\pi \cdot 1\,\mathrm{MHz} \cdot 2,5\,\mathrm{mH} \approx 15,7\,\mathrm{k}\Omega$.

Für den praktischen Aufbau bietet es sich an, den von Franzis für Conrad entwickelten Bausatz “MW-Retro-Radio zum Selberbauen” zu verwenden. Man erhält damit einen Drehkondensator, einen Ferritstab mit passender Wicklung, Lautsprecher und Gehäuse sowie einige weitere Kleinteile. Abb. 2.17 zeigt einen Probeaufbau des Taschenempfängers. Zur Vermeidung von Rückkopplungen sollte man Abschirmungen vorsehen.

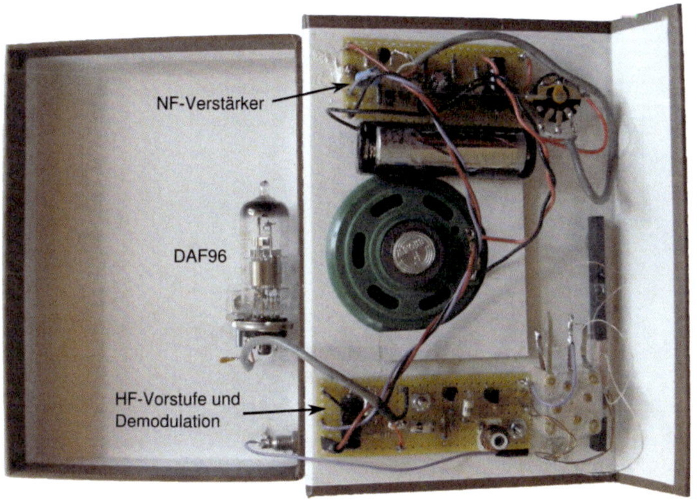

Abbildung 2.17: Aufbau unter Verwendung des MW-Retro-Radio Bausatzes

Mit der Schaltung waren im Probeaufbau auch tagsüber zwei MW-Sender ohne zusätzliche Antenne einwandfrei zu empfangen. Allerdings bietet die Schaltung durchaus erhebliches Verbesserungspotential. Einige denkbare Ergänzungen seien im Folgenden aufgeführt:

- Aufgrund der niedrigen Impedanz des Lautsprechers hat man bei der Auslegung der Endstufe einige Probleme. Um die Kollektor-Emitter-Spannung in den Bereich der halben Betriebsspannung zu legen, muss man einen vergleichsweise hohen Ruhestrom zulassen. Das ist für den Batteriebetrieb nicht so günstig. Die Verringung dieses Ruhestromes hätte andererseits eine höhere Kollektor-Emitter-Spannung zur Folge. Bei starker Aussteuerung führt diese asymmetrische Arbeitspunktlage zu Verzerrungen. Abhilfe würde hier die Anpassung des Lautsprechers mit einem Kleinübertrager schaffen (ähnlich K21 oder K31 aus DDR-Produktion).

- Statt der nichtselektiven Vorstufe mit Transistor T6 könnte man auch eine selektive Vorstufe einsetzen und damit einen Zweikreiser realisieren. Dazu wäre die HF-Drossel L3 durch eine Spule mit (fast) gleicher Induktivität wie die Schwingkreisspule L1 zu ersetzen. Eine direkte Parallelschaltung des Drehkondensators ist nicht möglich, da Doppeldrehkondensatoren in der Regel einen gemeinsamen Masseanschluss besitzen. In diesem Falle würde man den auf Masse liegenden Drehkondensator C1B über den zusätzlichen Kondensator C0 HF-seitig mit der Betriebsspannung (und damit auch mit der anderen Seite des Schwingkreises) verbinden, siehe Abb. 2.18 (oben). Beim Aufbau der HF-Vorstufe mit einem pnp-Transistor könnte man beide Elemente des Schwingkreises (Spule und Drehkondensator) auf einer Seite direkt mit der Masse verbinden, vgl. Abb. 2.18 (unten).

- Die Empfindlichkeit des Empfängers lässt sich durch eine Entdämpfung des Schwingkreises erheblich verbessern. Das könnte einerseits durch eine Rückkopplung der bestehenden Eingangsstufe erfolgen, andererseits auch durch eine separate Entdämpfungsschaltung. Abb. 2.19 zeigt eine in [25] bzw. [28, Abschnitt 4.4] und [50, S. 71-73] vorgestellte Schaltung. Auf der Basis zweier pnp-Transistoren wird ein negativer Widerstand realisiert, durch den die Verluste im Schwingkreis kompensiert werden können. Die Stärke der Entdämpfung lässt sich über das Potentiometer P2 einstellen. Eine ähnliche Entdämpfungsschaltung kam man auch mit einem Paar komplementärer Sperrschicht-FETs aufbauen, würde dafür aber eine höhere Spannung benötigen [51, 52]. Schaltungstechnisch noch einfacher wäre die Entdämpfung mit einer Tunneldiode [23]. Allerdings sind Tunneldioden außerordentlich schwer zu beschaffen.

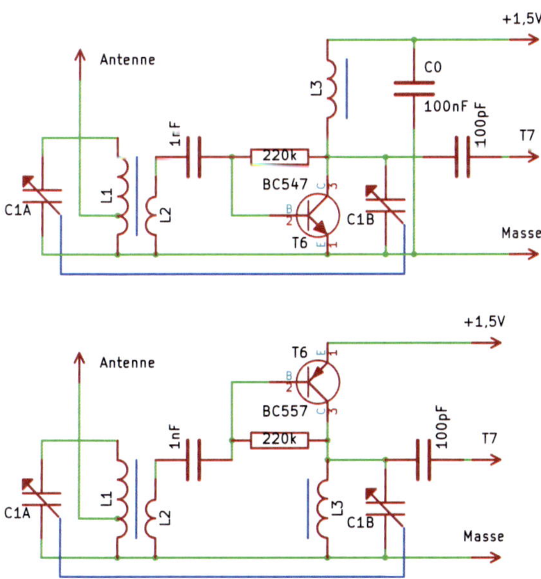

Abbildung 2.18: Vorschläge zur Modifikation der in Abb. 2.16 gezeigten Vorstufe zum Zweikreiser: mit npn-Transistor (oben), mit pnp-Transistor (unten)

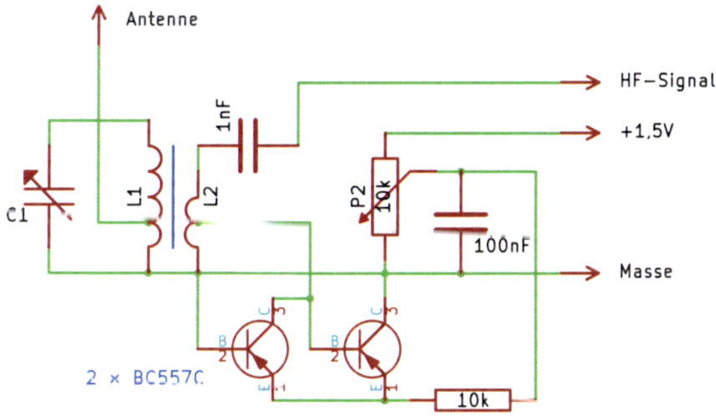

Abbildung 2.19: Entdämpfung des Schwingkreises mit zwei pnp-Transistoren [25]

Kommen wir zurück zur EAA91. Die Demodulation in Abb. 2.9 entspricht einer Einweggleichrichtung. Nun besteht die EAA91 aber aus zwei Dioden, von denen wir bisher nur eine einzige nutzen. Daher bietet es sich hier an, beide Dioden einzubeziehen und damit eine Verdopplerschaltung aufzubauen. Abbildung 2.20 zeigt zwei Schaltungsvarianten von Verdopplerschaltungen mit Halbleiterdioden. Die Villard-Schaltung kann als eine Weiterentwicklung der Parallelschaltung zur Einweggleichrichtung aufgefasst werden, die Gleichrichtung nach Delon und Greinacher dagegen als doppelte Variante der Einweggleichrichtung in Reihenschaltung (vgl. Abb. 2.1). Die Villard-Schaltung kann zu einer Kaskadenschaltung für beliebige Spannungsvervielfachung erweitert werden (siehe Abb. 2.22 bzw. [48, Abschnitt 22.1.4]).

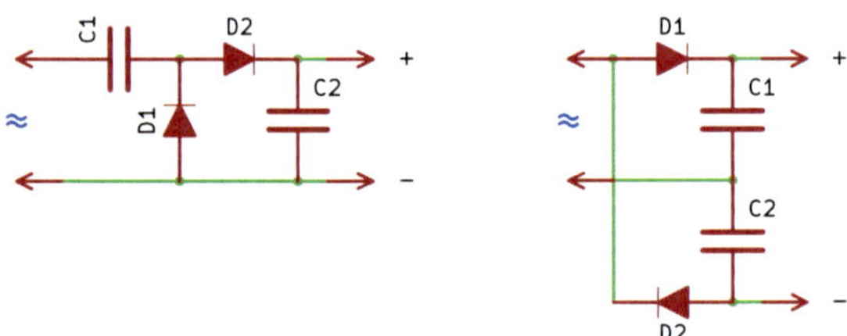

Abbildung 2.20: Verdopplerschaltungen: Villard-Schaltung (links), Greinacher- bzw. Delon-Schaltung (rechts)

Abb. 2.21 zeigt den vollständigen Detektorempfänger mit doppelter Einweggleichrichtung nach Greinacher und Delon. Dabei bilden die zwei Dioden mit den Kondensatoren C2 und C3 eine Brückenschaltung. Bei dem sich anschließenden RC-Glied wurde der Widerstandswert von $1\,\mathrm{M}\Omega$ auf $2,2\,\mathrm{M}\Omega$ (praktisch) verdoppelt. Die Reihenschaltung der Kondensatoren halbiert die Gesamtkapazität, so dass man insgesamt die Filterfrequenz beibehält. Bei der Schaltung von Greinacher bzw. Delon haben Eingang (HF-Schwingkreis) und Ausgang (NF-Verstärker) unterschiedliche Bezugspotentiale. Um unnötiges Einstreuen von Netzbrummen zu verhindern wurde daher die Signaleinspeisung über Antenne und Erde galvanisch vom Schwingreis getrennt und induktiv mit L2 eingespeist.

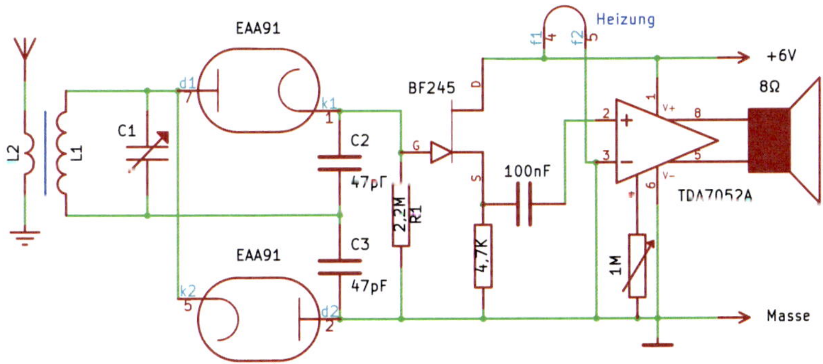

Abbildung 2.21: Vollständiger Detektorempfänger mit EAA91 in Spannungsverdopplerschaltung

Abb. 2.22 zeigt zwei Schaltungsvarianten zur Spannungsvervierfachung. Diese Schaltungsvariante wurde tatsächlich auch zur Amplitudendemodulation eingesetzt [18, S. 340] bzw. in [33, S. 39] als Anregung für eigene Versuche vorgeschlagen. Würde man die Halbleiterdioden durch Röhren ersetzen, müsste man zwei Röhren des Typs EAA91 einsetzten. Mit der zweiten Röhre hätte man im Vergleich zur Verdopplerschaltung in Abb. 2.21 mit einer EAA91 im Idealfall eine weitere Spannungsvervielfachung vom Faktor 2 (Vervierfachung gegenüber der Verdopplung), müsste dafür aber auch eine zweite Röhre heizen. Würde man als zweite Röhre stattdessen eine Verstärkerröhre (Triode oder Pentode) vorsehen, könnte man eine deutlich höhere Spannungsverstärkung erzielten und würde zusätzlich den Schwingkreis weniger belasten als mit einer Vervierfacherschaltung.

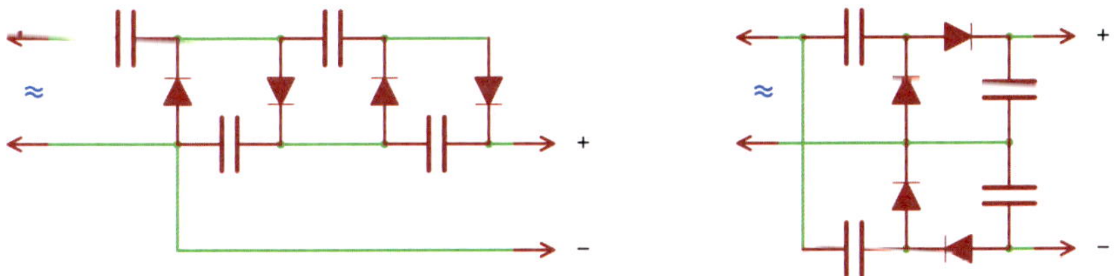

Abbildung 2.22: Spannungsvervierfacher-Schaltungen: Kaskadenschaltung nach Villard (links), Kombination zweier Greinacher-Schaltungen (rechts)

2.3 Detektorempfänger mit Triodenvorverstärkung

Die Mehrfachröhre EABC80 besteht aus einer einzelnen Diode, einer Duodiode und einer für NF-Verstärkung vorgesehenen Triode, wobei Duodiode und Triode über eine gemeinsame Kathode verbunden sind. Eine der zur Duodiode verbundenen Dioden (Diode I) ist sehr hochohmig und zur Amplitudendemodulation vorgesehen. Die anderen zwei Dioden, insbesondere die Einfachdiode, sind niederohmiger und zur Frequenzdemodulation gedacht. Die entsprechenden Diodenkennlinien sind in Abb. 2.23 dargestellt. Die Detektorschaltungen aus Abb. 2.9 kann man mit der einzelnen Diode als Gleichrichter aufbauen. Mit den Dioden der Duodiode (d. h. bei dem Röhrensystem mit der Bezeichnung B) kann man wegen der gemeinsamen Kathode mit der Triode entweder den Detektor in Parallelschaltung nach Abb. 2.1 bzw. Abb. 2.12 oder den Detektorempfänger in Reihenschaltung entsprechend Abb. 2.28 aufzubauen.

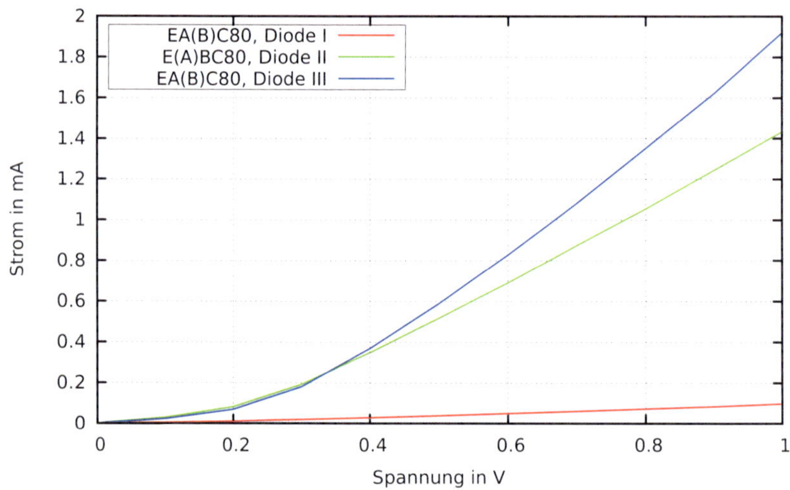

Abbildung 2.23: Kennlinien der drei Dioden einer EABC80

Allerdings benötigt die EABC80 mit 450 mA deutlich mehr Heizstrom als die EAA91. Dieser zusätzliche Stromverbrauch wäre nur gerechtfertigt, wenn man zusätzlich die Triode der EABC80 zur Verstärkung einsetzt. Der Vorverstärker ist in Abb. 2.24 mit seiner Anbindung an den FET skizziert.

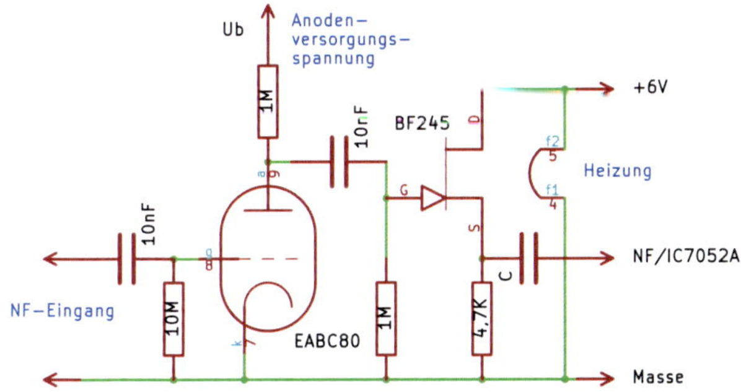

Abbildung 2.24: Vorverstärker mit Triode der EABC80

Für die Festlegung der anodenseitigen Betriebsspannung ist der Einfluss dieser Spannung auf die Spannungsverstärkung der Triodenstufe zu untersuchen. Dazu wurde ein 1 kHz-Prüfsignal gitterseitig eingespeist. Durch Spannungsmessung am Ausgang des FET lässt sich die gesamte Spannungsverstärkung der in Abb. 2.24 gezeigten Schaltung bestimmen. Durch Rückrechnung des Verstärkungsfaktors 0,85 der FET-Stufe erhält man die Spannungsverstärkung der Triode. Bei 6 V (die man ohnehin für die Heizung braucht) erzielt man gerade eine Spannungsverdopplung. Für eine halbwegs wahrnehmbare Verstärkung sollte die Spannung mindestens 18 V betragen.

Die EABC80 ist bis auf die Heizung baugleich mit den Röhren PABC80 und UABC80 [58]. Die Heizung der PABC80 erfordert 9,5 V und 0,3 A, die der UABC80 dagegen 28,5 V bei 0,1 A. Hier bietet es sich an, auf eine der Röhren mit höherer Heizspannung zurückzugreifen und damit gleichzeitig eine höhere Anodenspannung bereitzustellen. Mit drei 9 V-Blöcken erreicht man 27 V, was für die Heizung der UABC80 ausreicht und immerhin einen Spannungsverstärkungsfaktor von ca. 16 ermöglicht. Für die Versorgungsspannung des NF-ICs TDA7052A ist im Datenblatt der Grenzwert von 18 V angegeben [38]. Zur Sicherheit wird der Schaltkreis daher über einen Abgriff beim ersten 9 V-Block versorgt. Die Schaltung des so versorgten Detektorempfängers ist Abb. 2.26 zu entnehmen. Die Demodulation erfolgt über eine Greinacher-

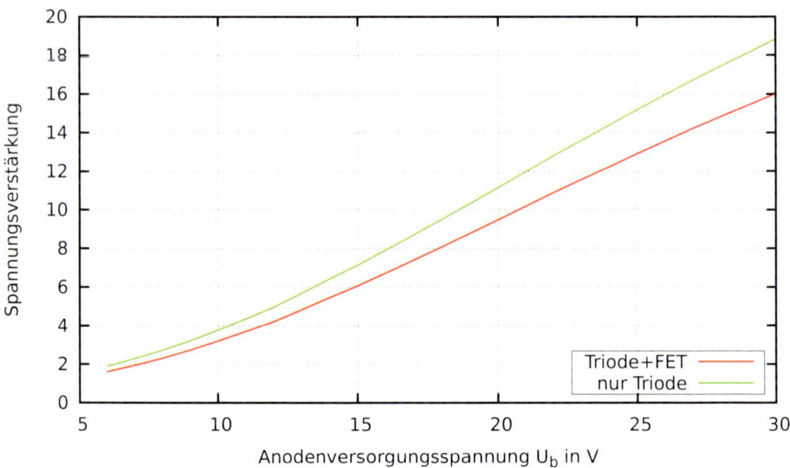

Abbildung 2.25: Spannungsverstärkung der EABC80-Triode in Abhängigkeit von der Anodenversorgungsspannung

Verdopperschaltung. Bei der Greinacher-Schaltung haben Eingang und Ausgang verschiedene Bezugspotentiale. Würde man Antenne und Erde direkt an den Schwingkreis anschließen, könnte Netzbrummen eingestreut werden. Dieses Problem lässt sich vermeiden, wenn man wie in Abb. 2.21 über die Spule L2 eine galvanische Trennung vorsieht und die Antenne induktiv mit dem Schwingkreis koppelt.

Statt der bisher verwendeten Frequenzabstimmung mit Drehkondensator verwenden modernere Empfänger Kapazitätsdioden. Synonym werden auch die Bezeichnungen Varaktor bzw. Varicap verwendet. Die Kapazität hängt bei diesen Dioden stark von der angelegten Spannung ab. Zur Abstimmung des Empfängers ist ein Gleichspannungsanteil hochohmig in den Schwingkreis einzubringen und kapazitiv vom Schwingkreis zu trennen. Eine elegante Möglichkeit zur kapazitiven Trennung von Gleich- und HF-Anteil besteht darin, zwei Kapaizitätsdioden in Antireihenschaltung anzuordnen (siehe Abb. 2.27). Aus HF-Sicht sind die Dioden in Reihe geschaltet, d. h. die Gesamtkapazität wird gegenüber einer einzelnen Diode halbiert. Die Induktivität des

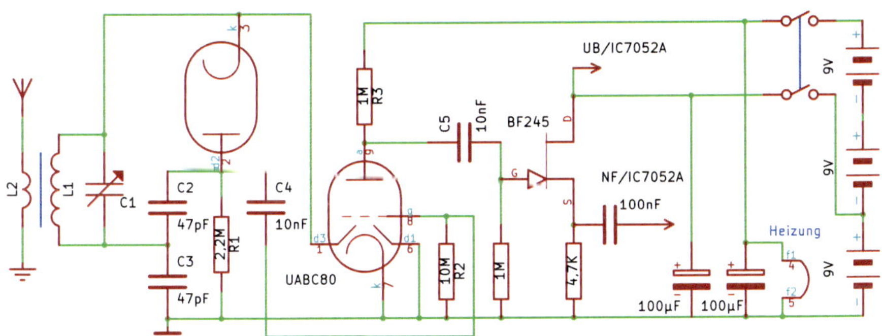

Abbildung 2.26: Detektorempfänger mit UABC80

Schwingkreises ist so auszulegen, dass man bei der halben Maximalkapazität einer Diode die unterste Frequenz einstellt. Die heutzutage hergestellten Kapazitätsdioden besitzen in der Regel nur eine kleine Maximalkapazität, denn sie sind für den UKW-Bereich oder noch höhere Frequenzen vorgesehen. Beim Versuchsaufbau wurden zwei Kapazitätsdioden vom Typ KB 413 aus der damaligen ČSSR (Vertrieb seinerzeit über RFT) eingesetzt. Die Maximalkapazität wird mit ca. 400 pF angegeben, d. h. durch die wechselspannungsseitige Reihenschaltung der Dioden ergibt sich für den Schwingkreis die Kapazität von ca. $C = 200\,\text{pF}$. Geht man für den MW-Bereich von einer unteren Frequenz von $f \approx 500\,\text{kHz}$ aus, dann ergibt sich für den Schwingkreis die Induktivität $L_1 = \frac{1}{C(2\pi f)^2} \approx 500\,\mu\text{H}$.

Anstelle der KB213 wären beispielsweise auch Kapazitätsdioden dem Typ BB 112 (Siemens) oder 1SV149 (Toshiba) bzw. die Doppeldiode BB 212 (Philips Semiconductors) einsetzbar. Diese Dioden sind allerdings für eine geringe Maximalspannung von etwa 10 V vorgesehen. Die Sendereinstellung erfolgt über das in Abb. 2.27 angegebene Potentiometer, welches die Gleichspannung für die Kapazitätsdioden vorgibt. Die kleinste einstellbare Kapazität (und damit die höchste Frequenz) lässt sich über einen Einstellregler begrenzen. Das empfangene HF-Signal wird kapazitiv aus dem Schwingkreis ausgekoppelt und über eine Kaskadenschaltung (Villard-Verdoppelschaltung, vgl. Abb. 2.20) demoduliert.

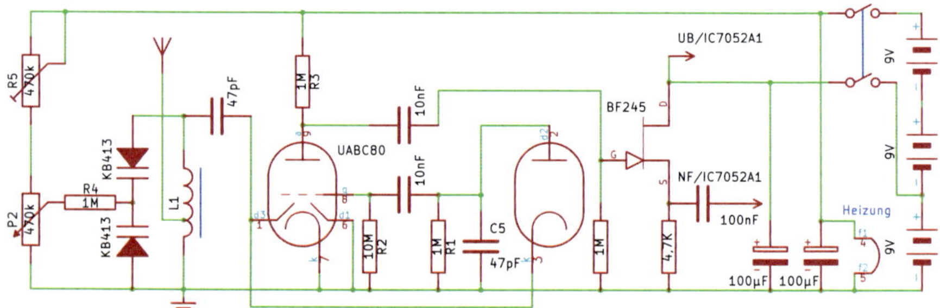

Abbildung 2.27: Modifizierter Detektorempfänger mit UABC80 und Abstimmung durch Kapazitätsdioden

2.4 Detektorempfänger mit Pentodenvorverstärkung

Mit einer Pentode kann grundsätzlich eine höhere Verstärkung erzielt werden als mit einer Triode. Auch gibt es Mehrfachröhren, die eine einfache Diode bzw. eine Duodiode mit einer Pentode kombinieren. Typische Röhren dieser Art sind die EBF80, die EBF85 und die EBF89. Abb. 2.28 zeigt eine entsprechende Detektorschaltung mit der EBF89. Im nominellen Betriebsbereich hat die EBF89 unter diesen Röhren die größte Steilheit [40]. Die Schaltung funktioniert aber auch mit der EBF80 bzw. der EBF85. Bei einer Anodenspannung von 15 . . . 20 V erzielt man eine Spannungsverstärkung von 10 . . . 20, bei 20 . . . 30 V eine Verstärkung von 20 . . . 30. Zwischen den Röhrentypen EBF80/85/89 bestehen hier kaum Unterschiede. Für die Einstellung des Arbeitspunktes am Schirmgitter ist es empfehlenswert, den Einstellregler zunächst in die Mittenposition zu stellen und dann mit dem Drehkondensator einen Sender zu suchen. Anschließend maximiert man mit dem Einstellregler die Lautstärke derart, dass keine wahrnehmnbaren Verzerrungen auftreten.

Trennschäfte und Empfindlichkeit des angegebenen Detektorempfängers lassen sich mit einer Rückkopplung erheblich verbessern. Eine solche rückgekoppelte Detektorschaltung ist Abb. 2.29 zu entnehmen. Mit dem Übergang zur Gleichrichtung in Parallelschaltung liegt neben dem gleichgerichteten NF-Anteil auch noch ein erheblicher HF-Anteil vor, der durch die Pentode verstärkt wird.

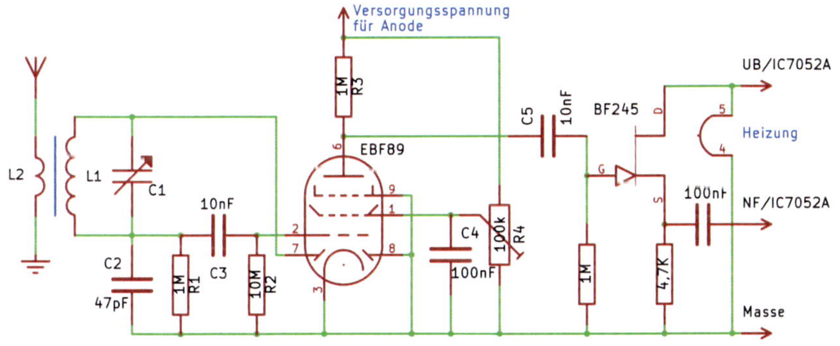

Abbildung 2.28: Detektorempfänger mit EBF89

Die Rückkopplung auf den Schwingkreis erfolgt über den Drehkondensator C6, der so einzustellen ist, dass es gerade noch nicht zur Selbsterregung kommt.

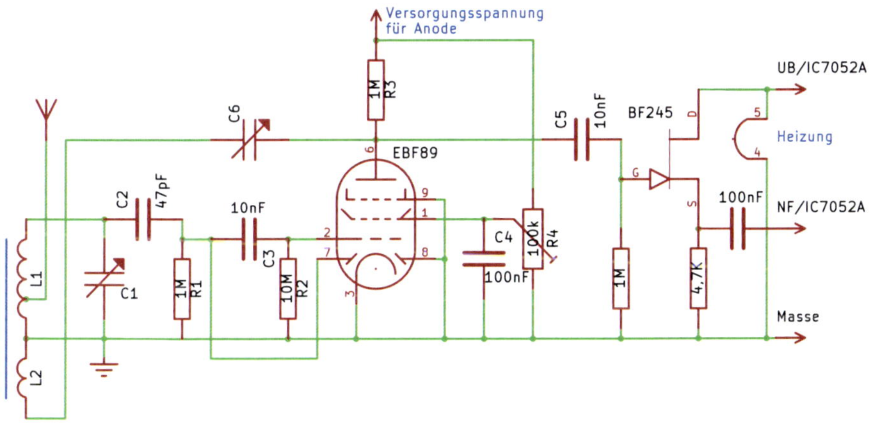

Abbildung 2.29: Rückgekoppelter Detektorempfänger mit EBF89

Bei den Schaltungen in Abb. 2.28 und Abb. 2.29 bieten sich verschiedene Aufbauszenarien hinsichtlich der Wahl von Heiz- und Anodenspannung an. Bei einer EBF89 würde man die 6 V Heizspannung gleichzeitig zur Versorgung von FET und NF-IC verwenden. Die Anodenspannung würde man mit (mindestens) einem zusätzlichen 9 V-Block auf 15 V erhöhen. Die Röhren UBF80 und UBF89 benötigen dagegen nominell 19 V Heizspannung bei einem Stromverbrauch von 0, 1 A. Hier könnte man mit zwei 9 V-Blöcken gleichzeitig Heiz- und Anodenspannung bereitstellen, der Mittelabgriff bei 9 V vorsorgt FET und NF-IC TDA7052A. Ein entsprechender Schaltungsvorschlag ist Abb. 2.30 zu entnehmen. Zusätzlich wurde in dieser Schaltungsvariante eine HF-Vorstufe mit dem FET BF245 vorgesehen. Für die HF-Drossel L2 wurde der Spulenkörper T1.4 verwendet. Für die Induktivität von 1 mH sind ca. 450 Windungen erforderlich. Die Auskopplung von der HF-Vorstufe zur Gleichrichtung erfolgt kapazitiv. Daher wurde auch die Gleichrichtung zur Demodulation in Parallelschaltung ausgeführt.

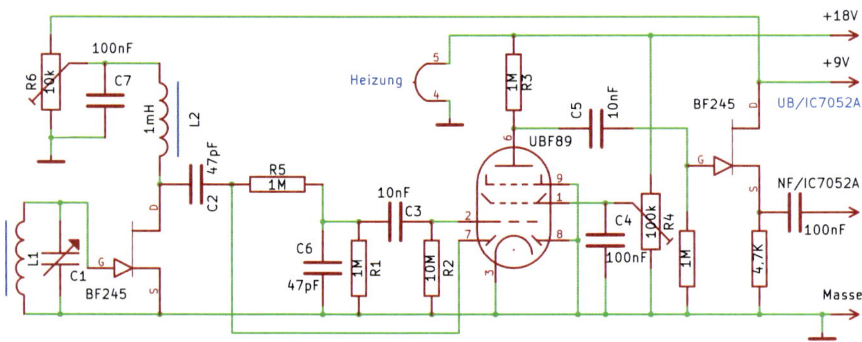

Abbildung 2.30: Schaltungsvariante für UBF80/89 mit zusätzlicher HF-Vorstufe

Beim Versuchsaufbau auf einem Labor-Steckboard neigte die Schaltung mit HF-Vorstufe zur Selbsterregung. Deshalb wurde die Möglichkeit vorgesehen, die Versorgungsspannung der HF-Vorstufe über einen Einstellregler vorzugeben. Hiermit war der Empfang ohne Erdung und zusätzliche Antenne (d. h. nur mit der Ferrit-Antenne) möglich. Allerdings setzte die Selbsterregung relativ hart ein. Bei einem sauberen Aufbau mit geeigneten Abschirmmaßnahmen sollte sich dieses Problem vermeiden lassen. Man könnte auch versuchen, eine weichere Rückkopplung dadurch zu erzielen, dass man zwischen Source-Anschluss und Masse eine passende RC-Kombination vorsieht. Ähnliche HF-Vorstufenschaltungen mit FET sind in [50, S. 43-44] zu finden.

Selbst bei einem sauberen Aufbau mit geeigneten Abschirmungen zur Verhinderung parasitärer Effekte wäre eine gezielte Rückkopplung zur Entdämpfung des Schwingkreises wünschenswert. Damit könnte man auch die

Trennschäfte erhöhen. Eine sehr einfache Modifikation der Schaltung aus Abb. 2.30 bestände darin, den Source-Anschluss des FET nicht auf Masse, sondern zu einer Anzapfung der Schwingkreisspule zu führen. Damit erhält man eine Hartley-Oszillatorschaltung (siehe Abb. 2.31), die knapp unter dem Schwingungseinsatz betrieben werden sollte.

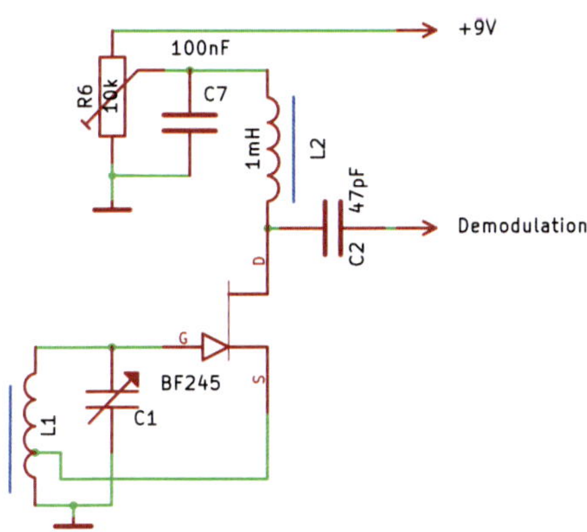

Abbildung 2.31: Gezielte Entdämpfung des Schwingkreises mittels Hartley-Oszillator

Nachfolgend einige Vorschläge für eigene Experimente:

- Anstelle der bisher eingesetzen Miniaturröhren könnte man auch Röhren der sogenannten harmonischen Serie (Stahlröhren) verwenden. Auch dabei gibt es Mehrfachröhren, die Diode und Pentode miteinander kombinieren, beispielsweise die EBF11 oder die UBF11 (siehe Abb. 2.32). Technische Details dieser Röhren und zahlreiche Empfängerschaltungen sind im Buch von Ludwig Ratheiser, welches in zahlreichen Auflagen erschienen ist, zu finden [39].

- In einigen Ländern, beispielsweise in den USA, Südafrika und Australien, wird amplitudenmodulierter Rundfunk auch in Stereo ausgestrahlt. Das ist in Deutschland nicht der Fall. Trotzdem kann man relativ leicht einen räumlichen Klangeindruck erzeugen. Dazu ersetzt man den bisher verwendeten Mono-Verstärkerschaltkreis TDA7052A durch den Stereo-Verstärker-IC TDA 3810 [37], der auch Pseudostereo erzeugen kann [7].

Dieser Effekt wird durch eine frequenzabhängige Phasenverschiebung zwischen dem rechten und dem linken Kanal erzielt.

Abbildung 2.32: Röhren EBF11 und UBF11 mit Stahlröhrensockel. Die abgebildeten Röhren sind Nachkriegsprodukte von RFT im Glaskolben

2.5 Detektorempfänger mit Pentodenendstufe

Für eine Endstufe sollte man eine Leistungspentode einsetzen. Um eine hohe Gesamtverstärkung zu erzielen ist es empfehlenswert, die Leistungspentode mit einem weiteren Röhrensystem als Vorstufe zu ergänzen. Als Mehrfachröhren, die eine Triode mit einer Leistungspentode kombinieren, kämen die Röhren ECL80 bis ECL86 oder die entsprechenden Röhren der P- bzw. U-Serie in Frage. Während die ECL80 mit 300 mA Heizstrom auskommt, benötigen die Röhren ECL81 bis ECL86 deutlich höhere Heizströme im Bereich von ca. 600 mA bis 900 mA und sind deshalb für den Batteriebetrieb nicht geeignet. Daher wird im Folgenden zunächst die ECL80 verwendet, die auch gut für den Betrieb mit einer kleiner Anodenspannung geeignet ist [27, Abschnitt 6.3].

Abb. 2.33 zeigt den NF-Verstärker mit einer ECL80. Zur Anpassung eines üblichen (niederohmigen) Lautsprechers ($4 \ldots 8\,\Omega$) an die Pentodenendstufe lässt sich der 100 V-Tonfrequenzübertrager von Conrad Electronic einsetzen.

Die Triode und die Pentode besitzen eine gemeinsame Kathode. Daher wurde keine Kathodenkombination, sondern nur ein Gitterwiderstand gegen Masse vorgesehen. Speist man direkt am Gitterkondensator der Pentode ein NF-Signal ein (im Versuch: 100 mV mit 1 kHz), dann ergibt sich die maximale Lautstärke bei einem Gitterwiderstand von ca. 10 kΩ. Ein derartig niederohmiger Eingang der Pentodenstufe würde sich aber negativ auf die Verstärkung der Triodenvorstufe auswirken. Deshalb wurde für die Pentode ein Gitterwiderstand von 100 kΩ gewählt. Die Lautstärke verringert sich dadurch nur minimal. Die Triodenvorstufe weist keine Besonderheiten auf. Der Anodenwiderstand der Triode wurde in Übereinstimmung mit dem Gitterwiderstand der Pentodenstufe gewählt.

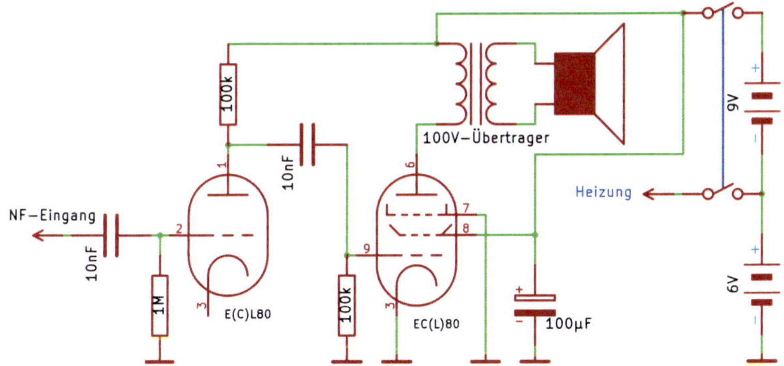

Abbildung 2.33: Leistungsendstufe mit ECL80

Die vorgestellte ECL80-Endstufe wird nun mit dem Detektorempfänger aus Abb. 2.29 kombiniert. Abb. 2.34 zeigt die Gesamtschaltung des Empfängers. Der bei der EBF80/EBF85/EBF89-Vorstufe verwendete feste Anodenwiderstand wird jetzt durch ein logarithmisches Potentiometer P1 mit gleichem Nennwiderstand ersetzt. Über dieses Potentiometer lässt sich die Lautstärke des Verstärkers einstellen. Die größte Lautstärke erzielt man, wenn der Schleifer auf der Seite der Anode der EBF80/EBF85/EBF89 ist. Liegt der Schleifer auf Betriebsspannung, so sollte nichts mehr zu hören sein, da die Spannungsversorgung wechselstromseitig auf Masse liegt. Gegenüber der Empfängerschaltung aus Abb. 2.29 wurde der zum Einstellen der Rückkopplung verwendete Drehkondensator durch einen festen 220 pF-Kondensator ersetzt. Die Stärke der Rückkopplung lässt sich über das Potentiometer P2, welches den vorher vorhandenen Einstellregler ersetzt, beeinflussen.

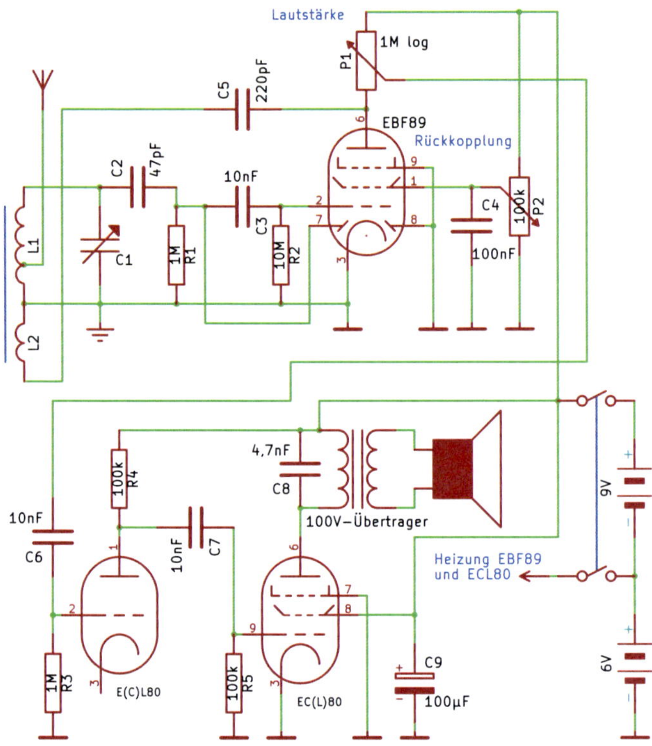

Abbildung 2.34: Detektorempfänger mit EBF89 und ECL80-Endstufe

Bei dem in Abb. 2.35 gezeigten Versuchsaufbau mit einer EBF85 aus DDR-Produktion (RFT) wurde die Heizspannung von 6 V durch 5 NiMH-Akkus bereitgestellt. Die Anodenspannung liefert ein zusätzlicher 9 V-Block. Im Unterschied zu dem nicht unerheblichen Heizstrom von ca. 600 mA wurde im Anodenkreis nur ein Strom von ca. 2 mA gemessen. Für den Netzbetrieb kann ein 6 V-Trafo unmittelbar zur Bereitstellung der Heizspannung genutzt werden. Diese Variante der Parallelspeisung hat den Vorteil, dass sich leicht weitere Röhren der E-Serie anschließen lassen. Mit einer zusätzlichen Zweiweggleichung (siehe

Abb. 2.36) erhält man den Spitzenwert von $2 \cdot 6\,\mathrm{V} \cdot \sqrt{2} \approx 17\,\mathrm{V}$. Zur Unterdrückung von Netzbrummen wurden die Dioden mit jeweils einem 10 nF-Kondensator überbrückt. Dadurch ist die Signalmasse auch in der Umpolarisierungsphase der 50 Hz-Wechselspannung HF-seitig (kapazitiv) über das Stromnetzes geerdet. Ebenso können die Röhren EBF80/85/89 und ECL80 auch in Serienspeisung mit 300 mA Heizstrom versorgt werden. In diesem Fall würde man auf einen 12 V-Trafo zurückgreifen. Die Anodenspannung kann man über eine Graetz-Brücke erzeugen. Im Falle der Serienspeisung lässt sich auch ein stabilisiertes 12 V-Steckernetzteil verwenden. Allerdings fällt dann die Anodenspannung mit 12 V etwas niedriger aus, was eine geringe Verstärkung und damit eine etwas geringere Lautstärke zur Folge hat.

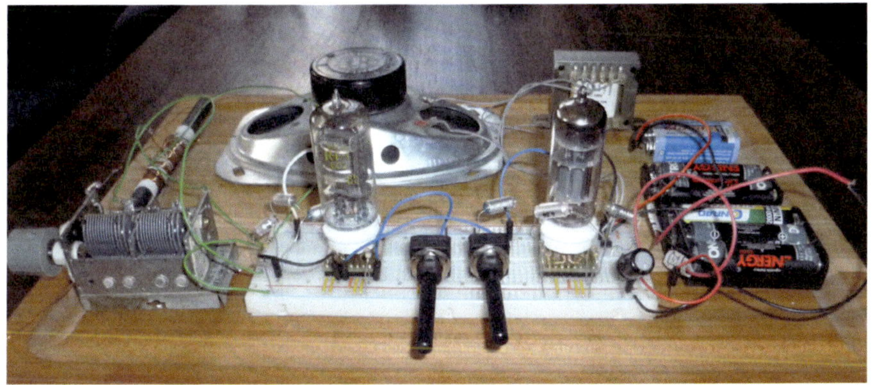

Abbildung 2.35: Versuchsaufbau des Detektorempfänger mit EBF85 und ECL80

Die Schaltung aus Abb. 2.34 kann noch um eine HF-Vorstufe erweitert werden. Dazu können die in Abb. 2.30 bzw. 2.31 gezeigten Transistorschaltungen eingesetzt werden. Eine HF-Vorstufe mit Röhre wird im Abschnitt 2.6 vorgestellt.

Die NF-Endstufe lässt sich in ähnlicher Weise mit der Röhre ECL81 realisieren. Bei der ECL81 haben Triode und Leistungspentode (wie bei der ECL80) einen gemeinsamen Kathodenanschluss. Die ECL81 ist laut Datenblatt [40] nur für den Betrieb mit halbautomatischer Gittervorspannungserzeugung vorgesehen. Bei den hier vorliegenden niedrigen Spannungsverhältnis-

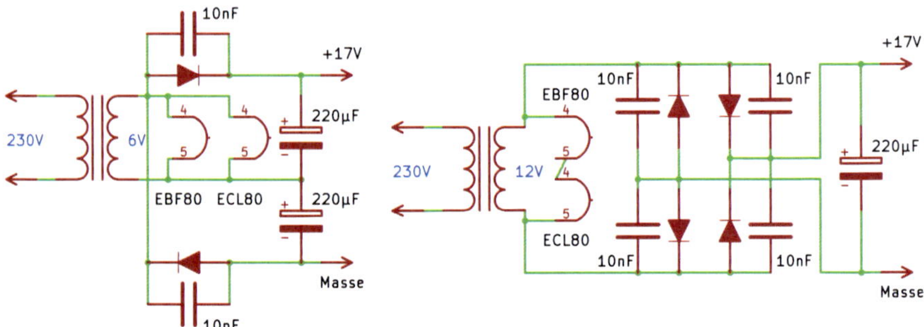

Abbildung 2.36: Stromversorgung für die Empfängerschaltung nach Abb. 2.34, mit 6 V-Trafo (links), mit 12 V-Trafo (rechts)

sen wurde die negative Gittervorspannung mit Anlaufstrom erzeugt. Die in Abb. 2.33 bzw. 2.34 verwendeten Gitterableitwiderstände von 1 MΩ bzw. 100 kΩ wurden durch zwei 2, 2 MΩ-Widerstände ersetzt. Der Anodenwiderstand sollte nicht wesentlich größer als 180 kΩ gewählt werden, da sonst Verzerrungen auftreten. Bei einem Heizstrom von 600 ... 700 mA steigt der Stromverbrauch des Empfängers zusammen mit der EBF80/85/89 auf 0, 9 ... 1, 0 A. Bei den verwendeten NiMH-Akkus mit einer Nennkapazität von 2500 mAh war im Test deutlich eine Erwärmung zu spüren. Mit diesem Stromverbrauch ist die Empfängerschaltung folglich eher für den Netzbetrieb geeignet.

Die in Abb. 2.33 gezeigte Verstärkerschaltung funktioniert mit den angegebenen Widerstandswerten auch mit einer ECL82. Allerdings ist zu beachten, dass die ECL82 wiederum über eine andere Sockelbeschaltung verfügt. Insbesondere sind die Kathoden von Triode und Pentode separat herausgeführt. Daher ist es gerade bei der Verwendung höherer Anodenspannungen (beispielsweise durch Einsatz von zwei oder drei 9 V-Blöcken) naheliegend, den Arbeitspunkt der Pentode über eine automatische Gittervorspannungserzeugung einzustellen und die Schaltung um eine entsprechende Kathodenkombination zu erweitern. Mit dem Heizstrombedarf der ECL82 von 780 mA steigt dann der gesamte Stromverbrauch des Empfängers auf über 1 A.

Die Leistungsendstufe lässt sich auch mit nur einem Röhrensystem aufbauen, allerdings muss dann ist der Regel mit einer höheren Anodenspannung gearbeitet werden. Gängige Endstufenpentoden wie beispielsweise die EL34 oder EL84 sind für den Aufbau von Audioendstufen sehr begehrt und daher auch teuer. Im Folgenden soll daher die eher untypische, aber gut zu beschaffende Leistungspentode IL861 aus DDR-Produktion Verwendung finden. Die Spezialröhren EL861 und IL861 sind steile Endpentoden mit langer Lebensdauer und laut Taschenbuch [40] für den Einsatz in Endverstärkern in Weitverkehrsanlagen vorgesehen. Die IL861 ist für eine Heizspannung von 20 V ausgelegt. Der zugehörige Heizstrom beträgt 120 mA. Hier bietet sich eine gemeinsame Heizung der UBF89 mit der IL861 bei 18 V in Parallelschaltung an. Die in Abb. 2.37 gezeigte Empfängerschaltung weist hinsichtlich der NF-Endstufe keine Besonderheiten auf. Die 18 V-Heizspannung muss nicht mit einem Elektrolytkondensator geglättet werden. Zur anodenseitigen Vorsorgung reicht diese Spannung im Unterschied zu der in Abb. 2.30 gezeigten Schaltung nicht mehr aus, hier wurden mindestens 45 V vorgesehen. Mit der höheren Anodenspannung erhält man eine höhere Verstärkung und kann dadurch die fehlendene Triodenvorstufe kompensieren. Bei dieser Spannung erreichte die Pentodenvorstufe mit der UBF89 die größte Verstärkung, wenn über dem Einstellregler die Schirmgitterspannung im Bereich von 3, 5 . . . 4 V lag. Gegebenenfalls sollte man die IL861-Pentodenendstufe um eine geeignete Kathodenkombination erweitern.

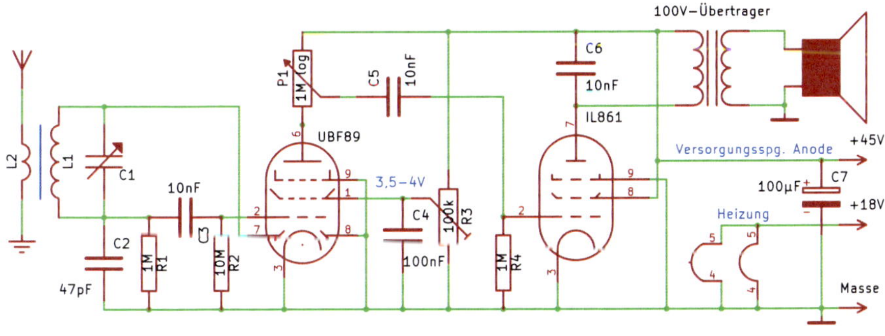

Abbildung 2.37: Detektorempfänger mit UBF80/89 und IL861-Leistungsendstufe

Die Stromversorgung wurde über fünf in Reihe geschaltete 9 V-NiMH-Akkus sichergestellt. Den größten Strombedarf von ca. 220 mA hat die Heizung, wobei der Abgriff nach zwei Akkus bei 18 V erfolgt. Bei der derzeit üblichen Akkukapazität im Bereich von 250 mAh ist damit eine Betriebsdauer von ca. einer Stunde möglich. Zusammen mit den drei weiteren Akkus erhält man die Anodenspannung von 45 V. Der Stombedarf liegt hier im Bereich einiger mA. Für den Betrieb am Stromnetz bietet sich die Nutzung eines Sicherheitstransformators mit zwei 18 V Sekundärwicklungen an. Aus Sicht einer symmetrischen Belastung würde man die Heizung jeder der zwei Röhren mit einer der Sekundärwicklungen verbinden. Im Unterschied zu Abb. 2.37 wäre sowohl die Parallelschaltung zwischen den zwei Heizungen als auch die galvanische Verbindung gegen Masse aufzuheben. Durch die in Abb. 2.38 gezeigte Reihenschaltung der 18 V-Wicklungen erhält man eine Wechselspannung mit einem Effektivwert von 36 V. Am Ausgang der Graetzbrücke mit Glättung durch einem Elektrolytkondensator liegt aufgrund des niedrigen anodenseitigen Spromverbrauchs praktisch der Spitzenwert von $\sqrt{2} \cdot 36\,\mathrm{V} \approx 50\,\mathrm{V}$ an. Die Dioden als auch der Elektrolytkondensator sollten für etwas höhere Maximalspannungen ausgelegt sein. Für die Gleichrichterdioden käme beispielsweise der Typ 1N4002 in Frage, der für eine Spitzensperrspannung von 100 V vorgesehen ist. Anstelle von vier einzelnen Dioden lässt sich auch eine integrierte Graetzbrücke einsetzen, z. B. der Silizium-Brückengleichrichter Diotec B80R.

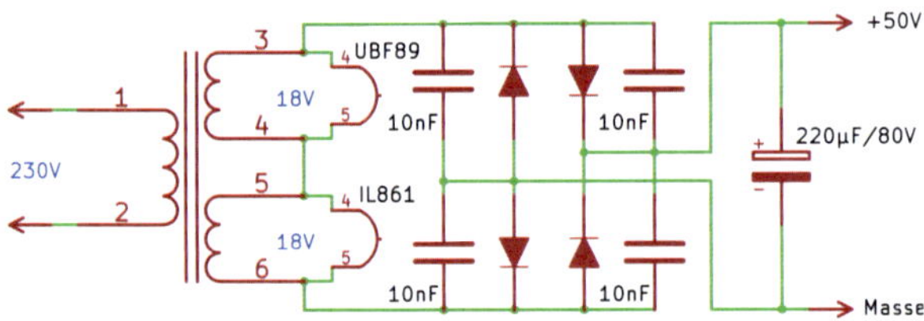

Abbildung 2.38: Stromversorgung für die Empfängerschaltung nach Abb. 2.37

2.6 Detektorempfänger mit HF-Vorstufe

Für einen guten Fernempfang ist eine HF-Vorstufe, d. h. ein dem Demodulator vorgeschalteter HF-Verstärker, unumgänglich. Diese Stufe kann man als nichtselektiven (breitbandigen) Verstärker aufbauen. Eine gute Trennschäfe erzielt man mit einem selektiven Verstärker, der einen zweiten Schwingkreis enthält. Einen solchen Empfänger nennt man Zweikreiser [34, 54].

Abb. 2.39 zeigt eine selektive HF-Vorstufe mit der steilen Pentode EF80 für die Zusammenschaltung mit dem in Abb. 2.28 auf S. 43 gezeigten Detektorempfänger. Anstelle der stark verbreiteten Röhre EF80 kann man auch die moderneren Pentoden EF183 oder EF184, die eine deutlich höhere Steilheit aufweisen [13], einsetzen. Aufgrund der daraus resultierenden höheren Verstärkung neigt die Vorstufe dann in stärkerem Maße zur Selbsterregung. Diesem Problem kann man durch gute Abschirmung begegnen.

Für die Senderauswahl ist ein Doppeldrehkondensator mit den Kondensatorpaketen C1 bzw. C3 zu verwenden. Für den Feinabgleich wurden die Trimmer C2 und C4 vorgesehen. Für den Mittelwellenbereich sind dabei Maximalkapazitäten von ca. 20 . . . 30 pF üblich. Der Empfangskreis besteht im Wesentlichen aus L1 und C1, der Schwingkreis des HF-Verstärkers aus L2 und C3. Bei genauerer Betrachtung wird dieser Schwingkreis erst über C5 geschlossen. Da C5 wesentlich größer als C3 ist, hat die Reihenschaltung dieser zwei Kondensatoren etwa die gleiche Kapazität wie C3 selber, d. h. C5 hat kaum Einfluss auf die Schwingkreiskapazität. Die Auskopplung zur Detektorstufe erfolgt über die Spule L3. Die Spule L1 ist auf dem zum Empfang verwendeten Ferritstab aufgebracht. Die Spulen L2 und L3 befinden sich auf dem Spulenkörper eines Bandfilters. Dabei sollte L2 (näherungsweise) die gleiche Induktivität wie L1 aufweisen. Damit der zweite Schwingkreis eine brauchbare Güte besitzt, sollte L3 weniger Windungen als L2 aufweisen (ca. 1/3 der Windungszahl von L3).

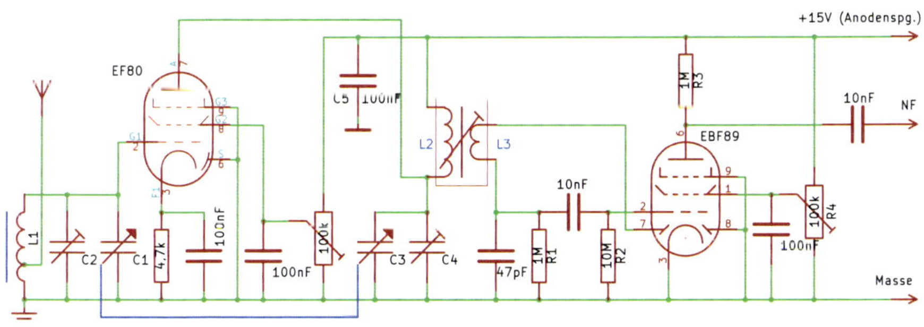

Abbildung 2.39: HF-Vorstufe mit EF80 als Zweikreiser

Beide Schwingkreise sollten für den gesamten Empfangsbereich möglichst genau die gleiche Frequenz aufweisen. Für den Abgleich der zwei Schwingkreise sind folgende Varianten denkbar:

1. Inbetriebnahme ohne Trimmer: In diesem Fall würde man einen Sender in der Mitte des Empfangsbereichs suchen. Gegebenenfalls muss dazu das zweite Kondensatorpaket C3 des Drehkondensator kurzzeitig abgeklemmt werden. Bei angeschlossenem Drehkondensator würde man über die Einstellung des Ferritkerns des Filters die Lautstärke maximieren und damit die Schwingkreise in der Mitte des Empfangsbereichs auf die gleiche Frequenz abstimmen. Der Gleichlauf der zwei Schwingkreise wird dabei in der Regel aber nicht über das gesamte Frequenzband gewährleistet.

2. Abgleich mit einem Trimmer: Setzt man bei einem der zwei Schwingkreise einen Trimmer ein, sollte man bei dem anderen Schwingkreis einen Festkondensator, dessen Kapazität im Bereich der halben Maximalkapazität des Trimmers liegt, parallelschalten. Da der Trimmer eine wesentlich kleinere Kapazität als das jeweilige Drehkondensatorpaket besitzt, sollte der Trimmer für den Abgleich am unteren Frequenzende eingesetzt werden. Zusätzlich würde man sich einen Sender im oberen Frequenzbereich suchen und den Abgleich über den Ferritkern des Filters vornehmen. Mit einem wechselseitigen Abgleich am unteren und obeneren Ende des Frequenzbereichs erzielt man einen Gleichlauf der beiden Schwingkreise.

3. Abgleich mit zwei Trimmern: Mit zwei Trimmern könnte man nicht nur den Gleichlauf der Schwingkreise sicherstellen, sondern auch die untere Frequenz des Empfangsbereichs einstellen. Die obere Empfangsfrequenz stellt man über den Ferritkern des Filters bzw. durch Verschiebung der Spulenwicklung von L1 auf dem Ferritstab ein.

Kombiniert man für HF- bzw. NF-Vorstufe die Röhren EF80 und EDF80/85/89, so kann man für die NF-Endstufe auch die Röhre PCL81 verwenden. Die PCL81 ist für Serienheizung mit einem Heizstrom von 300 mA vorgesehen, wobei die Heizspannung mit 12,6 V angegeben ist. Setzt man für die Heizung einen 12 V-Trafo ein, dann würde man die Heizfäden der PCL81 direkt anschließen und die der Röhren EF80 bzw. EBF80/85/89 in Reihe schalten (Abb. 2.40). Die Anodenspannung von ca. $\sqrt{2} \cdot 12\,\text{V} \approx 17\,\text{V}$ würde man nach einer Graetzbrücke mit Stützkondensator abgreifen.

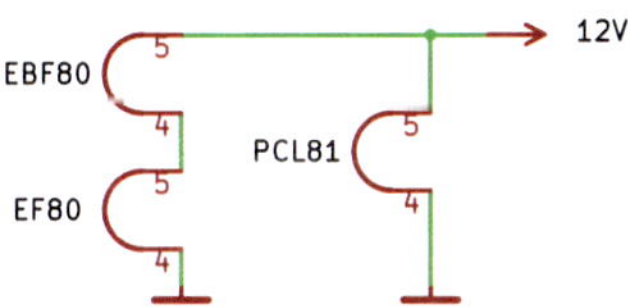

Abbildung 2.40: Heizspannungverteilung für Kombination der Röhren EF80, EBF80 und PCL81

Auch die Schaltungsvariante aus Abb. 2.37 mit den Röhren UBF89 und IL861 kann man um eine HF-Vorstufe ergänzen. Dabei wäre es sehr sinnvoll, eine Röhre mit gleicher oder ähnlicher Heizspannung einzusetzen. In Anlehnung an die in Abb. 2.39 verwendete EF80 wäre es naheliegend, eine UF80 einzusetzen, die eine Heizspannung von 19 V benötigt. Statt dieser steilen Pentode könnte man auch die Regelpentode UF85 nutzen. Ebenso wäre eine zweite UBF89 einsetzbar, bei der die Dioden umbenutzt bleiben und auf Masse zu legen wären. Die Nutzung einer UBF80 würde dagegen eine Anpassung erfordern, da diese Röhre für die etwas niedrigere Heizspannung von 17 V ausgelegt ist. Dazu schaltet man am einfachsten einen Widerstand vor, der bei einem Heizstrom von 100 mA (U-Serie) den gewünschten Spannungsabfall von $18\,\text{V} - 17\,\text{V} = 1\,\text{V}$ erzeugt (Abb. 2.41). Daraus ergibt sich der Widerstandswert $R = \frac{1\,\text{V}}{100\,\text{mA}} = 10\,\Omega$ bei einer Verlustleistung von $P = 1\,\text{V} \cdot 100\,\text{mA} = 100\,\text{mW}$. Da die Heizfäden Kaltleiter sind, fließt beim Einschalten ein deutlich höherer Storm als die 100 mA im Betriebszustand. Daher wurde der Vorwiderstand für eine etwas größere Belastung ausgelegt.

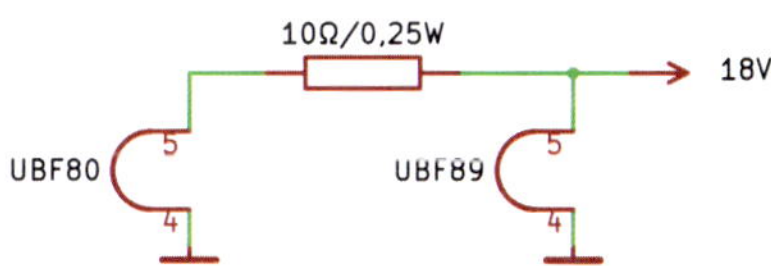

Abbildung 2.41: Heizspannungsanpassung für UBF80

2.7 Detektorempfänger mit Batterieröhren

In den fünfziger Jahren des letzten Jahrhunderts erreichten röhrenbestückte Reiseempfänger eine starke Verbreitung [56]. Zu diesem Zeitpunkt stand ein ganzes Sortiment sparsamer Batterieröhren zur Verfügung [43]. Als Batterieröhren mit separater Diode kommen die Miniaturröhren DAF91, DAF96 und DAF191 in Betracht, die neben der Einfachdiode auch eine Pentode besitzen. Diese Röhren haben die gleiche Heizspannung von 1,4 V, die über eine alkalische Monozelle bereitgestellt werden sollte. Die DAF91 und DAF191 benötigen 50 mA Heizstrom, die DAF96 kommt dagegen mit 25 mA aus. Zur anodenseitigen Spannungsversorgung mit 27 V verwenden wir drei 9 V-Blöcke. Für den Kopfhörerempfang ist grundsätzlich auch der Betrieb mit niedrigeren Spannungen möglich [27, Abschnitt 9.6]. Im Vergleich zu dem herstellerseitig für die üblichen Batterieröhren vorgesehenen Spannungsbereich von 45 ... 90 V stellt die Versorgung mit 27 V einen guten Kompromis dar, siehe [16, S. 43-45] und [41, S. 31-34]. Insbesondere ist bei 27 V Versorgungsspannung später auch eine brauchbare Lautsprecherwiedergabe möglich.

Abb. 2.42 zeigt eine einfache Detektorschaltung, die mit der RFT-Röhre DAF191 erprobt wurde. Die Gleichrichtung erfolgt in Parallelschaltung. Eine Vergrößerung des gegenüber den vorangegangenen Schaltungen vergleichsweise kleinen Anodenwiderstandes R3 von 100 kΩ bringt keine höhere Verstärkung. Das Schirmgitter wurde auf die anodenseitige Betriebsspannung gelegt. Die Gesamtschaltung kann über die Heizspannung eingeschaltet werden.

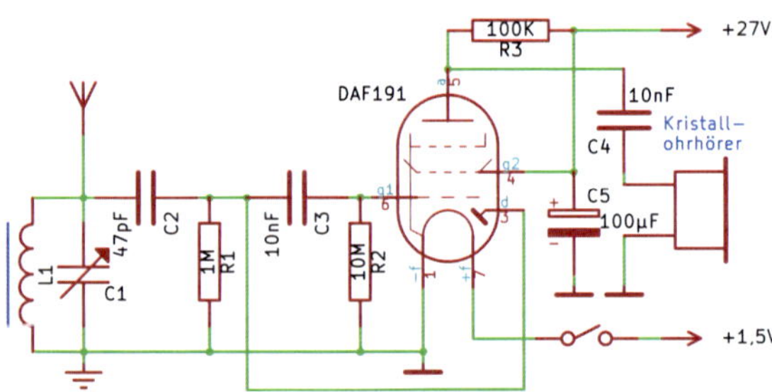

Abbildung 2.42: Detektorempfänger mit einfacher NF-Verstärkung auf Basis der Batterieröhre DAF191

Bei der in Abb. 2.43 gezeigten Schaltung wurde gegenüber der aus Abb. 2.42 eine Rückkopplung ergänzt sowie eine weitere Verstärkerstufe hinzugefügt. Die Stärke der Rückkopplung lässt sich über die Arbeitspunkteinstellung (d. h. über die Verstärkung) der ersten Röhre mit dem Potentiometer P1 beeinflussen. Der das HF-Signal rückführende Kondensator C4 ist so zu wählen, dass grundsätzlich der Schwingungseinsatz möglich ist, man also den Einstellbereich der Rückkopplung ausschöpft. Mit der HF-Drossel L3 werden die zur Rückkopplung verwendeten anodenseitig anliegenden HF-Anteile, die nicht zum NF-Teil gelangen sollen, unterdrückt. Für die zweite Verstärkerstufe kam die Miniaturröhre DF91 (Äquivalenztyp: 1T4), die für HF- und ZF-Verstärker vorgesehen ist, zum Einsatz. Beide Röhren werden in Parallelheizung betrieben. Mit passenden schaltungstechnischen Maßnahmen wäre auch bei direkt geheizten Röhren eine Serienheizung möglich [43, S. 155 ff.].

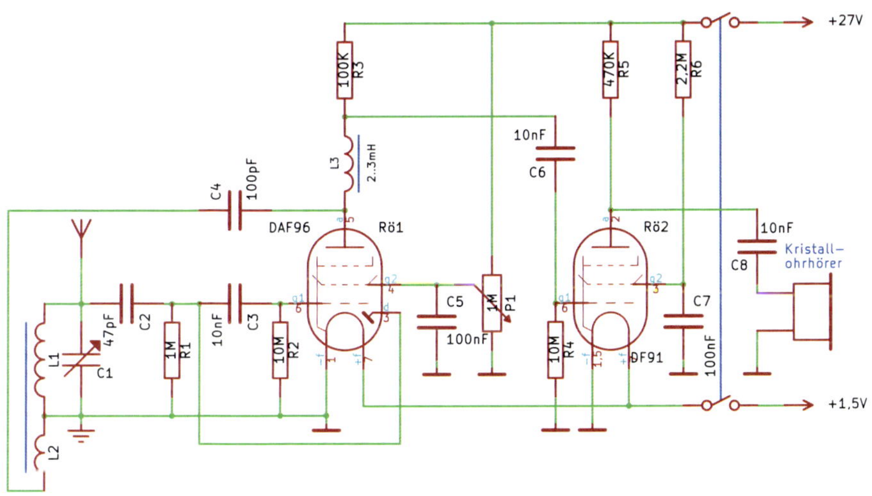

Abbildung 2.43: Detektorempfänger mit Rückkopplung

Für eine Lautsprecherendstufe stellt die Leistungspentode DL96 (Äquivalenztyp: 3C4) eine gute Wahl dar. Der Heizfaden der Röhre ist in zwei Hälften aufgeteilt und kann dadurch mit 2,8 V bei einem Heizstrom von 25 mA oder mit 1,4 V bei 50 mA betrieben werden. Zusätzlich ist sogar ein Sparbetrieb mit 1,4 V bei 25 mA möglich, wobei dann nur die halbe Kathode geheizt wird. Abb. 2.44 zeigt die Empfängerschaltung mit der DL96-Endstufe und einer weiteren NF-Vorstufe mit der Pentode DF91. Es ist zu vermuten, dass die Schaltung auch mit einer DL91- bzw. DL92-Endstufenröhre betrieben werden kann. Die DL94 ist für eine etwas höhere Spannung ausgelegt und daher nicht zu empfehlen [43]. Deshalb sollte man sich aber trotzdem nicht von eigenen Experimenten abhalten lassen.

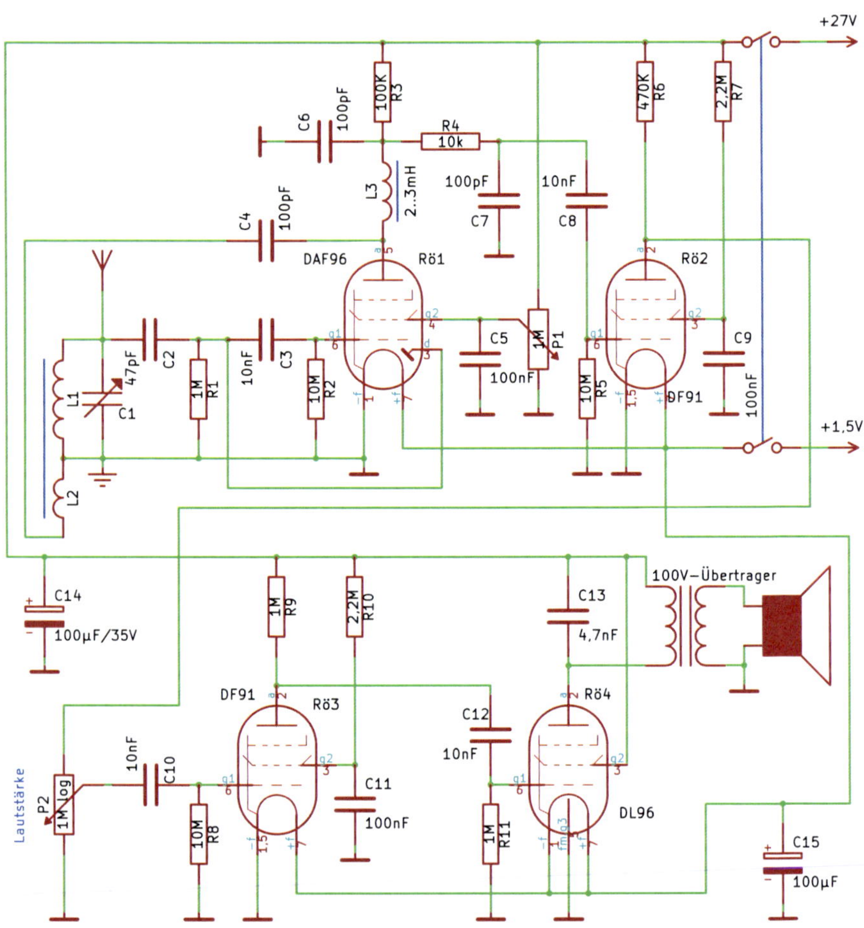

Abbildung 2.44: Detektorempfänger mit DL96-Endstufe

Mit vier Röhren hat der NF-Teil des Empfängers eine erhebliche Gesamtverstärkung. Zur besseren HF-Unterdrückung wurde die Drossel L3 um das aus R4, C6 und C7 bestehende Siebglied erweitert. Um eine Rückkopplung von der Endstufe auf die Vorstufen zu vermeiden, sollte ein Anschluss des Lautsprechers auf Masse gelegt werden.

Ein Empfänger mit Batterieröhren sollte auch ohne Erdung und längere Antenne funktionieren. Dazu ist die Schaltung aus Abb. 2.44 um eine HF-Vorstufe zu ergänzen. Abb. 2.45 zeigt einen Schaltungsvorschlag für eine nicht-selektive HF-Vorstufe. Der Vorteil gegenüber einer selektiven Vorstufe liegt darin, dass der aufwendige Abgleich der zwei Schwingkreise entfällt. Als HF-Verstärkerröhre Rö5 wird die DF91 eingesetzt. Die Triode der DAF91 bzw. DAF96 ist hierfür nicht geeignet, da sie nur für den Einsatz in NF-Verstärkern ausgelegt ist [43]. Mit dem Potentiometer P1 lässt sich die Entdämpfung der Vorstufe einstellen. Das in Abb. 2.44 verwendete Potentiometer P1 wurde durch den Einstellregler R12 ersetzt, mit dem die erste NF-Stufe mit der Röhre Rö1 auf die maximale Verstärkung abzugleichen ist.

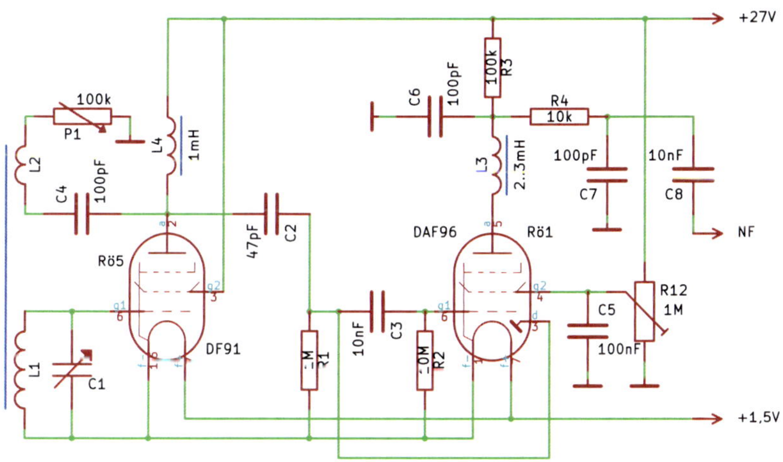

Abbildung 2.45: HF-Vorstufe mit Entdämpfung für Detektorempfänger aus Abb. 2.44

Kapitel 3

Audionschaltungen

Mit dem 1906 von Lee de Forest erfundenen Audion erreichten röhrenbestückte Rundfunkempfänger den Massenmarkt [9]. International wurden Audionschaltungen schnell durch die technisch leistungsfähigeren Überlagerungsempfänger verdrängt. In Deutschland fanden Audionschaltungen durch die Volksempfänger bzw. Deuschen Kleinempfänger eine starke Verbreitung. In [55] sind beispielsweise die Schaltungen der Volksempfänger VE 301 Wn und VE 301 Wdyn sowie des Deutschen Kleinempfängers DKE 38 GW zu finden.

3.1 Grundschaltungen

Beim Audion übernimmt eine Röhre bzw. ein Röhrensystem gleichzeitig zwei Aufgaben, nämlich zum einen die Demodulation und zum anderen die Verstärkung. Die Demodulation kann an einer Verstärkerröhre (Triode bzw. Pentode) in Abhängigkeit vom eingestellten Arbeitspunkt nach verschiedenen Prinzipien erfolgen [11, Abschnitt A.2]. Bei einer Audionschaltung geht man in der Regel von einer Demodulation durch Gittergleichrichtung aus. Abb. 3.1 zeigt die zwei gängigen Schaltungsvarianten. Während die linke Schaltung in vielen Bauanleitungen für netzbetriebene Einkreiser zu finden ist, ist die rechte Schaltung vorrangig bei direkt geheizten Röhren (Batterieröhren) üblich. Für die Demodulation wird die Gitter-Kathoden-Strecke als Gleichrichter genutzt. Mit dem aus R1 und C2 bestehende Siebglied gewinnt man aus dem gleichgerichteten HF-Signal die Hüllkurve und damit das demodulierte NF-Signal.

Der Widerstand R1 ist für den Anlaufstrombereich zu dimensionieren und liegt typischerweise bei 1 ... 2 MΩ. Der Kondensator C2 ist so auszuwählen, dass das aus R1 und C2 bestehenden RC-Glied eine Grenzfrequenz im oberen NF-Bereich besitzt. Die Hüllkurve wird zusammen mit dem gleichgerichteten HF-Signal von der Triode verstärkt. Aufgrund des HF-Anteils im verstärkten Signal kann der Schwingkreis durch eine passende Rückkopplung entdämpft werden. Vor einer weiteren NF-Verstärkung sollte das an der Anode anliegende Ausgangssignal der Audionstufe zur HF-Unterdrückung gefiltert werden.

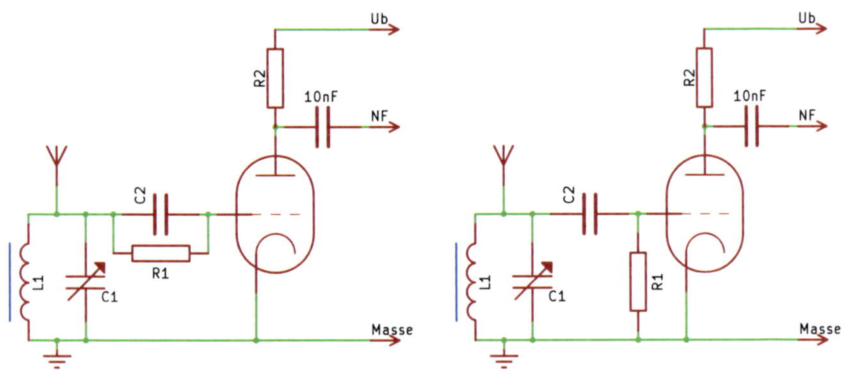

Abbildung 3.1: Audiongrundschaltungen

3.2 Audionschaltungen mit Trioden

Die in Abb. 3.1 (links) angegebene Audiongrundschaltung kann man beispielsweise mit der Triode EC92 aufgebauen. Der aus L1 und C1 bestehende Schwingkreis ist wie beim Detektorempfänger für den gewünschten Frequenzbereich (Mittel- oder Kurzwelle) auszulegen. Die in Abb. 3.2 gezeigte Schaltung nutzt dabei die bereits im Abschnitt 2.1 eingeführte NF-Verstärkerschaltung mit dem Sperrschicht-FET BF245 und dem Schaltkreis TDA7052A (siehe Abb. 2.7 auf S. 25). Die Heizung der Röhre sowie der Halbleiterverstärker werden mit 6 V versorgt. Die Audionschaltung funktioniert auch mit dieser niedrigen Spannung zur anodenseitigen Versorgung.

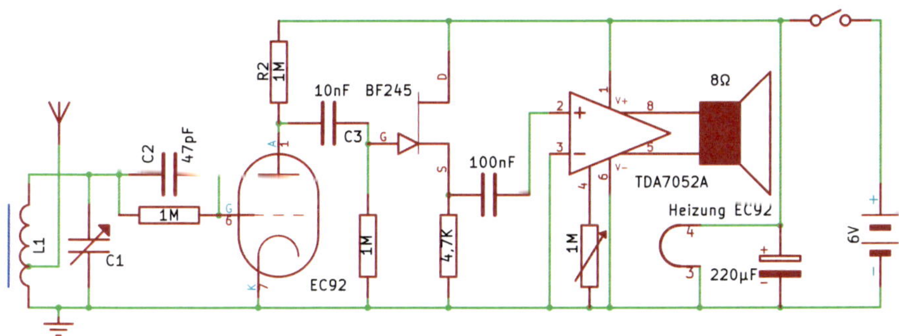

Abbildung 3.2: Einfache Audionschaltung mit Triode EC92

Abb. 3.3 zeigt die aufgebaute Schaltung. Steckplatine, Lautsprecher, Drehkondensator und Schwingkreisspule wurden dem Conrad Basic-Lernpaket Transistorradio entnommen. Der Drehkondensator C1 hat eine maximale Kapazität von $C_1 = 280\,\text{pF}$. Als Schwingkreisspule L1 wird kein Ferritstab, sondern eine Festinduktivität mit $L_1 = 220\,\mu\text{H}$ verwendet. Damit erhält man die untere Empfangsfrequenz von $f = \frac{1}{2\pi\sqrt{L_1 C_1}} \approx 640\,\text{kHz}$.

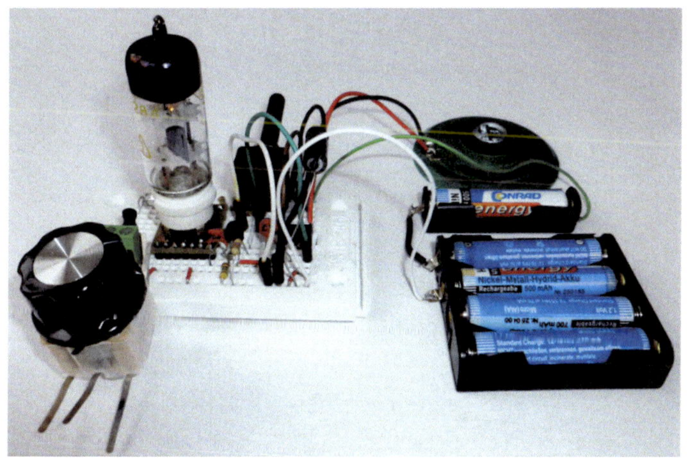

Abbildung 3.3: Experimentalaufbau des EC92-Audions aus Abb. 3.2

Die EC92 kann man auch durch eine UC92, die für einen Heizstrom von 100 mA bei einer Heizspannung von 9,5 V ausgelegt ist, ersetzen. Sowohl die

Heizung als auch die anodenseitige Spannungsversorgung zusammen mit dem FET und dem IC können dann mit einen 9 V-Block erfolgen.

Bei der in Abb. 3.4 dargestellten Audionschaltung wurde mit L2 und C4 eine Rückkopplung vorgesehen. Diese Form der Rückkopplung, bei der die Eingangsstufe zu einer Variante des Meißner-Oszillator erweitert wird, nennt man Leithäuser-Schaltung (siehe z. B. [45, S. 23]). Für die Spule L2 würde man ca. 10 ... 20 % der Windungszahl von L1 auf dem gleichen Spulenkörper (in der Regel ein Ferritstab) auftragen. Heizung und NF-Verstärkung erfolgen wie in der in Abb. 3.2 gezeigten Schaltung.

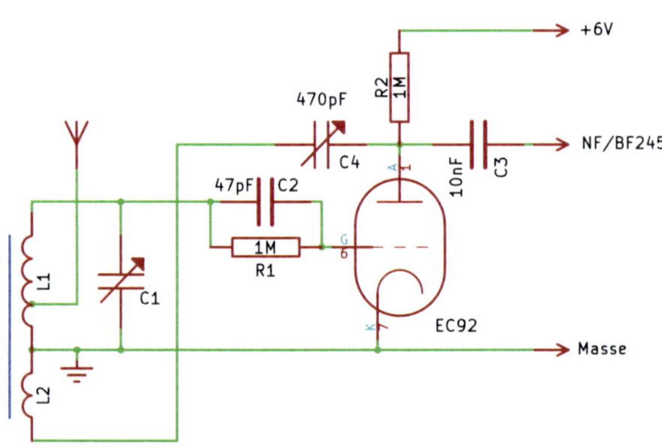

Abbildung 3.4: Rückgekoppelte Audionschaltung mit Triode EC92

Anstelle der gängigen EC92 kann man auch die deutlich seltenere UHF-Triode EC93, die eine andere Sockelbelegung aufweist [47], einsetzen. Ebenso lassen sich die Audionschaltungen aus Abb. 3.2 bzw. 3.4 mit der steilen UKW-Triode EC86 aufbauen. Für eine höhere Verstärkung kann man auf die Heizspannung von 6 V noch einen 9 V-Block aufschalten, um eine anodenseitige Versorgungsspannung von 15 V zu erzielen. Bei einer entsprechenden Anpassung der Heizspannung wären auch die jeweiligen Röhren der P-Serie, d. h. die PC86 bzw. die PC92, einsetzbar (siehe auch [27, Abschnitt 9.3]).

3.3 Audionschaltungen mit Doppeltrioden

Die Audionschaltung mit einer Triode lässt sich mit einer zweiten Triode um eine NF-Verstärkerstufe erweitern. Hier bietet sich die Verwendung von Doppeltrioden ECC81 bis ECC86 an. Die in Abb. 3.5 gezeigte Schaltung ist für die Röhren ECC81 und ECC82 ausgelegt. Beide Röhren haben ähnliche Eigenschaften und die gleiche Sockelbelegung. Die angegebenen Schaltungen wurden mit mehreren ECC81 und ECC82 erprobt. Die NF-Doppeltriode ECC83 hat zwar ebenfalls die gleiche Sockelbelegung, ist aber für den Einsatz bei niedriger Anodenspannungen nicht geeignet [27, Abschnitt 3.2]. Bei einer ähnlichen Audionschaltung mit ECC81/82 in [28, Abschnitt 3.3] wird von der Verwendung der ECC83 abgeraten. Diese Einschätzungen können nach Versuchen mit der Audionschaltung aus Abb. 3.5 bestätigt werden. Mit der ECC83 war nahezu kein Empfang möglich. Während mit den Röhren ECC81 und ECC82 zahlreiche Mittelwellensender ohne Drahtantenne (aber mit Erdung) zu empfangen waren, ließ sich mit einer ECC83 erst mit längerer Antenne, voller Rückkopplung und maximaler Lautstärke gerade der nächste Sender empfangen.

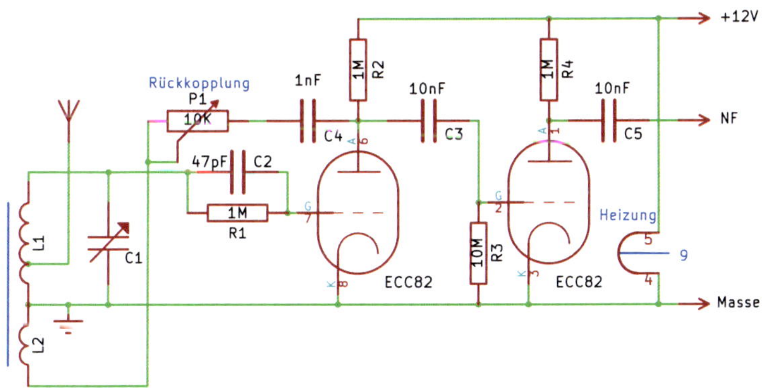

Abbildung 3.5: Audionschaltung mit Rückkopplung und NF-Vorverstärkung auf der Basis der Doppeltriode ECC81 bzw. ECC82

Die Audionstufe wurde in Anlehnung an die in Abb. 3.2 und 3.4 gezeigten Schaltungen aufgebaut. Bei der Rückkopplung wurde der Drehkondensator durch eine Kombination aus Potentiometer P1 und Festkondensator C4 ersetzt.

Die Gittervorspannungserzeugung der NF-Vorverstärkerstufe erfolgt über Anlaufstrom mit dem 10 MΩ-Widerstand R3. Bei den Röhren ECC81 und ECC82 können die Heizfäden der zwei Trioden sowohl in Reihe als auch parallel geschaltet werden. Für die Reihenschaltung ist dann eine Heizspannung von 12,6 V zwischen den Anschlüssen 4 und 5 vorgesehen. Bei der Parallelschaltung reichen klassische 6,3 V, wobei die Anschlüsse 4 und 5 zu verbinden sind und die Heizspannung gegenüber Anschluss 9 bereitzustellen ist (siehe Abb. 3.6). Für unsere Audionschaltung bietet sich eine Spannungsversorgung mit 12 V an, die sowohl für die Heizung als auch für die Anodenspannung genutzt wird.

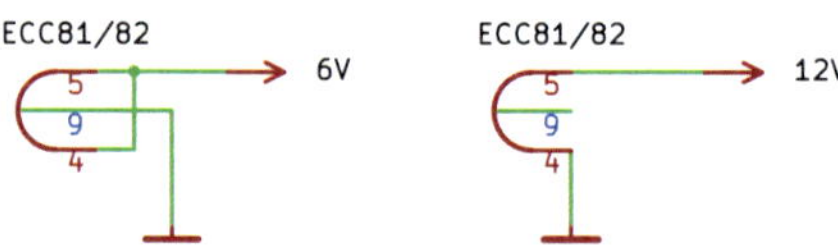

Abbildung 3.6: Heizspannungsversorgung der Doppeltrioden ECC81 bzw. ECC82 mit 6 V (links) bzw. mit 12 V (rechts)

Neben den Röhren ECC81 und ECC82 kann man auch die hochempfindliche UKW-Röhre ECC85 einsetzen. Die Anschlussbelegung der ECC85 stimmt bis auf die Heizung mit den anderen beiden Röhren überein. Zur Heizung ist nur die bei der E-Serie übliche Spannung von 6,3 V vorgesehen, die zwischen den Anschlüssen 4 und 5 bereitzustellen ist. In diesem Fall kann man wieder auf die bereits verwendete Spannungsversorgung mit 6 V für die Heizung und einem darauf aufgesetzen 9 V-Block für die Anodenspannung von 15 V zurückgreifen. Bei einer kurz vor dem Schwingungseinsatz eingestellten Rückkopplung war dann auch ohne Erdung und Drahtantenne (also ausschließlich mit der Ferritantenne) der Empfang mehrerer Sender möglich.

Die Doppeltriode ECC84 wurde für Kaskoden-Schaltungen in Fernseh- und UKW-Empfängern entwickelt und ist nominell für die vergleichsweise niedrige Anodenspannung von 90 V vorgesehen (siehe auch [1]). Daher soll hier versucht werden, diese Röhre als Mittelwellen-Kaskodenaudion einzusetzen. Das Wort Kaskode steht dabei für kaskadierte Kathoden. Abb. 3.7 zeigt zwei entsprechend in Reihe geschaltete Röhren. Die untere Triode fungiert als Audion und wird in Kathodenbasisschaltung verwendet. Genauer gesagt liegt hier ein sogenanntes

ECO-Audion (ECO: elektron coupled oscillator) vor. Die obere Triode wird in Gitterbasisschaltung eingesetzt. Dabei ist das Gitter über den Kondensator C3 wechselspannungsmäßig mit der Masse verbunden. Der Anodenwiderstand R3 sollte nicht größer sein als 1 MΩ, man aber auch gut mit 820 KΩ arbeiten. Der aus C4, C5 und R2 bestehende Tiefpass sorgt dafür, dass keine HF-Signale zum NF-Verstärker gelangen. Ein wichtiger Vorteil des Kaskodenaudions liegt in der weich einsetzenden Rückkopplung, die über das Potentiometer P1 eingestellt wird. Ein Kaskodenaudion verfügt über eine ähnlich hohe Verstärkung wie ein Pentodenaudion und zeichnet sich zusätzlich durch ein sehr geringes Rauschen aus [3, 31, 45].

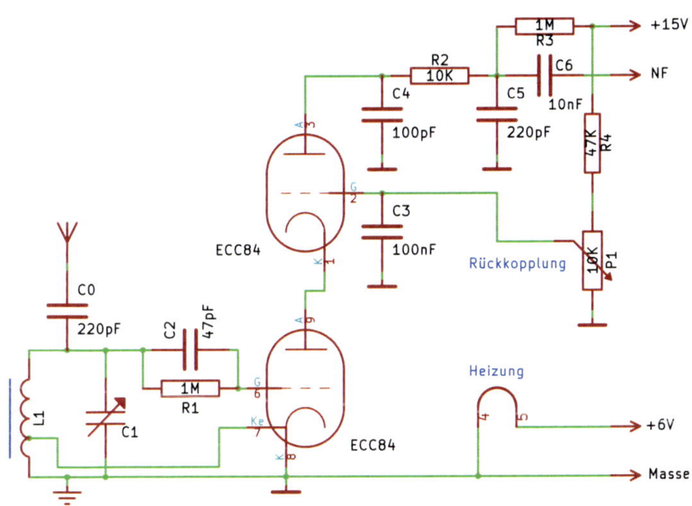

Abbildung 3.7: Kaskodenaudion mit Doppeltriode ECC84

Ein ähnlicher Weise lässt sich ein Kaskadenaudion auch mit den Röhren ECC81, ECC82 bzw. ECC85 aufbauen. Schaltungsvorschläge mit der ECC81 sind beispielsweise in [14] und [20, Abschnitt 6.2] zu finden. Statt den genannten Röhren der E-Serie kann man auch die noch gut erhältliche Doppeltriode UCC85 einsetzen. Abb. 3.8 zeigt die Schaltung eines entsprechend modifizierten Kaskodenaudions. Die UCC85 ist als Röhre der U-Serie für einen Heizstrom von 100 mA ausgelegt. Für die Heizspannung sind in der Literatur verschiedene Angaben zu finden: ca 23, 5 V bzw. ca. 25 V in unterschiedlichen Ausgaben des

RFT-Taschenbuchs "Empfängerröhren" [40], 26 V im Philips-Datenblatt und in der Röhren-Taschen-Tabelle [46]. Die Spannungsversorgung der Schaltung könnte daher durch drei 9 V-Blöcke erfolgen, wobei die resultierenden 27 V als anodenseitige Betriebsspannung genutzt werden und die Versorgung von FET und NF-IC mit 9 V über einen Abgriff nach dem ersten Block erfolgt. Für die Heizung der UCC85 sollte die Spannung von 27 V auf ca. 24 V reduziert werden. Dazu wurden zusätzlich vier Dioden D3 bis D6 in Reihe geschaltet. Geht man von einem Spannungsabfall von ca. 0,7 V pro Diode aus (Schleusenspannung), so ergibt sich für die Heizung eine Spannung von ca. $27\,\text{V} - 4 \cdot 0,7\,\text{V} = 24,2\,\text{V}$. Anstelle der vier Dioden kann man auch einen Vorwiderstand mit einem Widerstandswert von ca. $\frac{27\,\text{V}-24\,\text{V}}{100\,\text{mA}} = \frac{3\,\text{V}}{100\,\text{mA}} = 30\,\Omega$ einsetzen, der mindestens für eine Belastung von 0,5 W ausgelegt sein sollte.

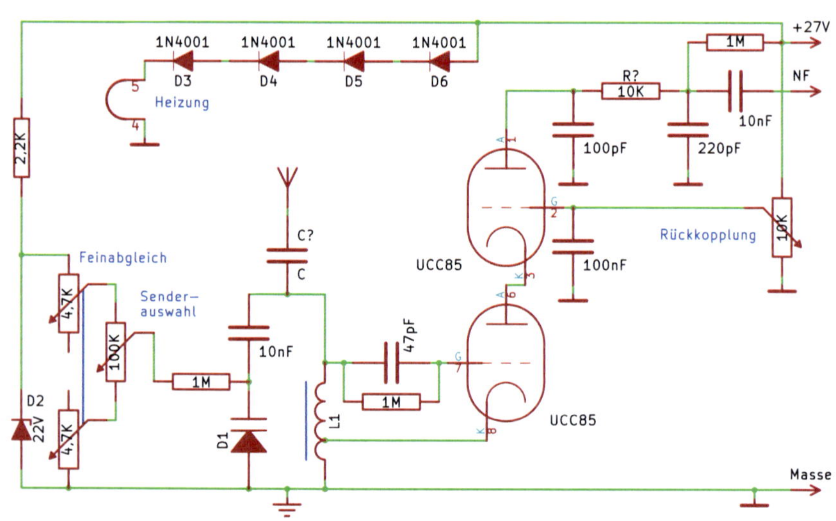

Abbildung 3.8: Kaskodenaudion mit Doppeltriode UCC85

Die vergleichsweise hohe Spannung von 27 V kommt sicherlich der Kaskodenschaltung zugute. Zusätzlich bietet es sich an, die Frequenzabstimmung über eine zum Frequenzbereich passende Kapazitätsdiode D1 vorzunehmen. Für den Mittelwellenbereich sollte die Maximalkapazität im Bereich 200 ... 500 pF liegen. Im Unterschied zu der in Abb. 2.27 auf S. 42 gezeigten Variante wird in

Abb. 3.8 nur eine Kapazitätsdiode vom Typ KB413 o. ä. eingesetzt, die gleichstrommäßig über einen 10 nF-Kondensator von Schwingkreis getrennt ist. Der für die 9 V-Blöcke hohe Heizstrom von 100 mA führt zu einer zeitlichen Veränderung der Akkuspannung entsprechend der Entladekurve. Um ein ständiges Nachbessern der Sendereinstellung zu vermeiden wird die für die Abstimmung verwendete Vorspannung von 22 V mit der Z-Diode D2 stabilisiert. Durch die Z-Diode sollte dabei ein Mindeststrom von ca. 1 mA fließen. Legt man die Mindestversorgungsspannung mit 24 V fest (ausgehend von nominell 27 V unter Annahme einer gewissen, bereits erfolgten Entladung), so ergibt sich bei einem Spannungsabfall von 24 V − 22 V = 2 V ein Widerstand von $R = \frac{U}{I} = \frac{2\,\mathrm{V}}{1\,\mathrm{mA}} = 2\,\mathrm{k}\Omega$. Für die Schaltung wurde daher ein $2,2\,\mathrm{k}\Omega$-Widerstand aus der E6-Reihe gewählt. Alternativ zu der Anpassung der Heizspannung und der Stabilisierung der Kapazitätsdiodenvorspannung könnte man auch eine Low-Drop-Ausführung des Festspannungsreglers 7824 einsetzen und simultan Heizung sowie Z-Diode mit 24 V versorgen.

Bei der Kaskodenschaltung teilt sich die Anodenspannung auf beide Trioden auf, d. h. pro Röhrensystem fällt eine niedrigere Anodenspannung an. Das zeigt sich auch an den typischen Betriebsdaten. Während die Doppeltrioden ECC81 und ECC82 für eine Anodenspannung von 250 V ausgelegt sind, ist bei der speziell für Kaskodenschaltungen entwickelten ECC84 eine Anodenspannung von 90 V vorgesehen [40]. Bei den hier eingesetzen, außerordentlich niedrigen Anodenspannungen wirkt sich diese schaltungstechnisch bedingte zusätzliche Reduktion der Anodenspannung erheblich auf die Verstärkung aus. Ein Ansatz zur Umgehung dieses Problems besteht darin, die Trioden zwar wechselspannungsseitig (HF/NF) im Sinne der Kaskodenschaltung in Reihe zu schalten, gleichspannungsseitig aber eine Parallelschaltung vorzunehmen. Abb. 3.9 zeigt einen entsprechenden Schaltungsentwurf. Durch den Kondensator C7 sind die Trioden signalmäßig in Reihe geschaltet. Mit dem Widerstand R4 erhöht man die zur Arbeitspunkteinstellung relevante Anodenspannung der ersten Triode. In ähnlicher Weise wird mit R5 die Kathode der zweiten Triode stärker an das Massepotential angebunden, womit man die Anoden-Kathoden-Spannung erhöht. Statt der ohmschen Widerstände R4 und R5 kann man auch HF-Drosseln einsetzen [1].

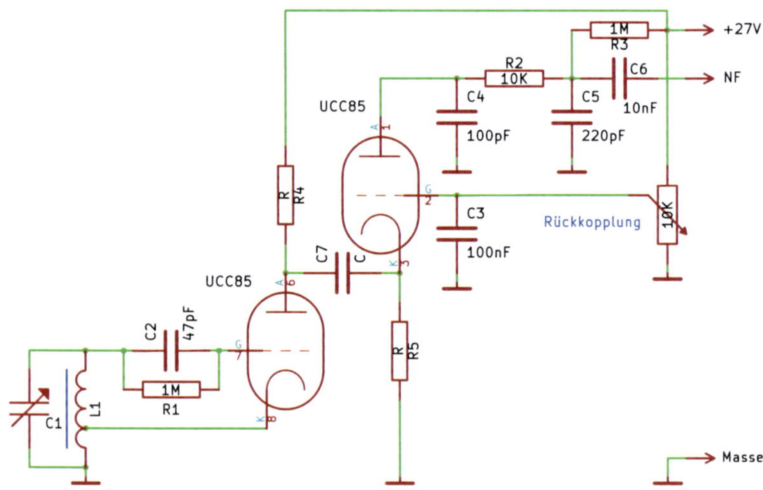

Abbildung 3.9: Kaskodenaudion mit gleichspannungsseitig parallelgeschalteten Trioden

In der nächsten Schaltung, die zunächst für eine ECC85 bei 15 V anodenseitiger Versorgungsspannung ausgelegt ist, soll wiederum eine der zwei Trioden als Audion agieren. Im Unterschied zu Abb. 3.5 soll jedoch die zweite Triode nicht zur NF-Vorverstärkung dienen, sondern als selektive HF-Vorstufe fungieren. Zusammen mit dem Eingangskreis ergibt sich dann insgesamt ein Zweikreiser (Abb. 3.10). Die aus R1 und C5 bestehende Kathodenkombination der HF-Vorstufe ist wichtig, um die Röhre im linearen Arbeitsbereich zu betreiben. Andernfalls würde an dieser Stelle bereits die Demodulation erfolgen. Die Eingangsinduktivität L1 ist wie üblich entsprechend des vorgesehenen Wellenbereichs (Mittelwelle) und des vorhandenen Doppeldrehkondensators auszulegen. Die Spule L2, die auf einem AM-Spulenkörper aufgebracht ist, sollte die gleiche Induktivität wie L1 besitzen. Die Einkopplung der von der Vorstufe verstärkten HF in die Audionstufe erfolgt über L3. Hier genügen ca. 1/3 der Windungszahl von L2. Für die zur Rückkopplung der Audionstufe eingesetzten Spule L4 reicht ca. 1/5 der Windungszahl von L2. Für C7 sollte man nach dem Abgleich der Schwingkreise mit Hilfe eines Drehkondensators eine für den gesamten Wellenbereich geeignete Einstellung suchen und den eingestellten

Kapazitätswert durch einen festen Kondensator realisieren (ca. 100 . . . 220 pF). Gegebenenfalls kann man für die Feineinstellung der Rückkopplung ein zusätzliches Potentiometer vorsehen (vgl. Abb. 3.5 auf S. 65). Anschließend sollte noch ein Nachabgleich des zweiten Schwingkreises (C3, C4 und L2) erfolgen. Im Anodenbereich der Audionstufe wurde die HF-Drossel L5 in Verbindung mit C8 vorgesehen, um das mit C9 ausgekoppelte NF-Signal von HF-Resten zu befreien.

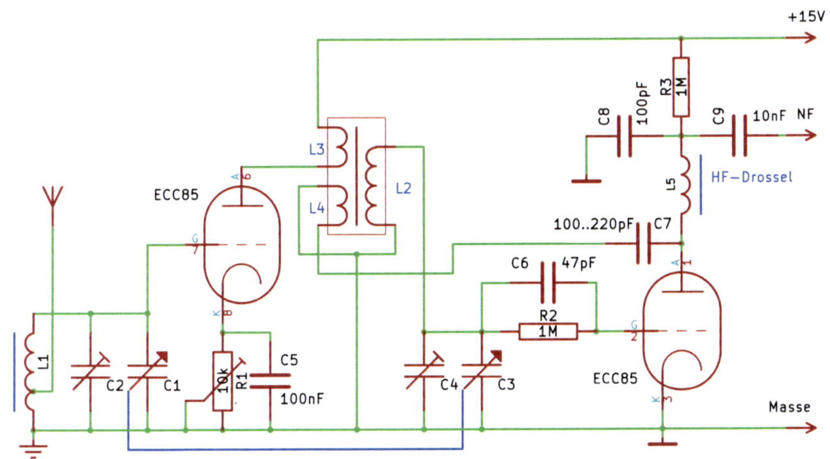

Abbildung 3.10: ECC85-Audion-Zweikreiser mit HF-Vorstufe

Bei den bisherigen Audionschaltungen wurde der in Abb. 3.2 auf S. 63 gezeigte NF-Verstärker, der mit Halbleiterbauelementen realisiert wurde, verwendet. Nachfolgend soll jetzt auch eine einfache Röhrenendstufe vorgeschlagen werden. Mit zwei Röhren ist es aufgrund der erforderlichen Heizleistung sinnvoll, von Batterie- auf Netzbetrieb umzustellen. Dann wäre es wiederum wünschenswert, dass Heiz- und Anodenspannung mit einem einzigen Trafo bereitgestellt werden. Mit einem 24 V-Trafo könnte man direkt die Röhren UCC85 heizen und mit einer Graetz-Brücke die anodenseitige Versorgungsspannung von $\sqrt{2} \cdot 24\,\text{V} \approx 34\,\text{V}$ bereitstellen. Verwendet man als Empfangsteil das in Abb. 3.8 gezeigte Kaskodenaudion, so wird der Heizfaden mit der Sekundärwicklung des Netztrafos verbunden werden, d. h. die zur Spannungsverminderung eingesetzten Dioden können entfallen. Zur Stabilisierung der für die Kapazitätsdiode erzeugten Vorspannung wäre eine Z-Diode für 27 V oder 30 V die gängige

Lösung. Ebenso kann aber auch der in Abb. 3.10 gezeigten Zweikreiser von der ECC85 auf die UCC85 umgestellt werden. Für den Einstellregler R1 der Kathodenkombination sollte man dann aufgrund der höheren Betriebsspannung einen etwas kleineren Widerstandswert verwenden (z. B. $2,2\,\mathrm{k\Omega}$).

Abb. 3.11 zeigt eine NF-Endstufe mit der Doppeltriode UCC85 und dem zugehörigen Netzteil. Bei beiden NF-Stufen erfolgt die Gittervorspannungserzeugung über Anlaufstrom. Die Impedanzanpassung des Lautsprechers wird mit dem 100 V-Übertrager von Conrad vorgenommen. Mit den zwei Triodenstufen erhält man eine brauchbare Lautstärke. Für eine gute Lautstärke ist der Einsatz eines Lautsprechers mit großer Membran empfehlenswert. Für eine größere Lautsärke sollte man anstelle der Doppeltriode eine Trioden-Pentoden-Kombination einsetzen. Hier wäre die Röhre UCF80 denkbar, die zwar für eine leicht höhere Heizspannung von 27 V ausgelegt ist, aber auch bei 24 V brauchbare Ergebnisse liefern sollte. Alternativ könnte man mit der UCC85 ähnlich wie in [27, Abschnitt 7.1] mit der ECC85 eine Gegentaktendstufe aufbauen.

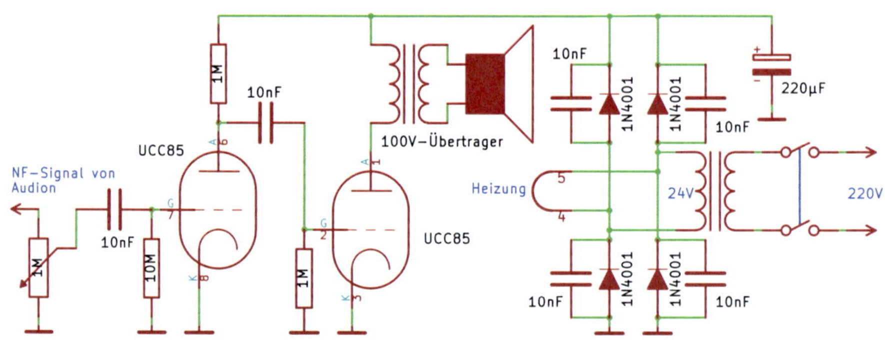

Abbildung 3.11: NF-Endstufe mit UCC85

3.4 Audionschaltungen mit Trioden-Pentoden-Kombinationen

Für die nächsten Audion-Experimente setzen wir die PCF82 ein, die oft in Mischstufen und ZF-Verstärkern von Fernsehgeräten zu finden war [2]. Die angegebenen Schaltungen wurden auch mit der PCF802, die über die gleiche Sockelbeschaltung verfügt, erprobt. Beide Röhren sind für Serienheizung mit einem Heizstrom von 300 mA vorgesehen. Die Heizspannung der PCF82 wird mit 9 V bzw. 9,5 V angegeben, die der PCF802 mit 9 V [40, 46]. Für die nachfolgenden Schaltungen wird die Spannung von 9 V sowohl als Heizspannung als auch als anodenseitige Versorgungsspannung eingesetzt.

Bei der betrachteten Verbundröhre gibt es zwei Möglichkeiten, in welcher Reihenfolge die einzelnen Röhrensysteme eingesetzt werden. Bei der in Abb. 3.12 gezeigten Anordnung wird die Triode als Audionstufe mit Rückkopplung verwendet. Die nachfolgende Pentode dient als NF-Vorverstärker. Typischerweise ist die Schirmgitterspannung niedriger als die Anodenspannung. Bei der hier verwendeten, sehr niedrigen Betriebsspannung wurde die größte Verstärkung bei der maximalen Schirmgitterspannung von 9 V erzielt. Daher kann am Schirmgitter auf den üblichen Spannungsteiler mit Stützkondensator verzichtet werden.

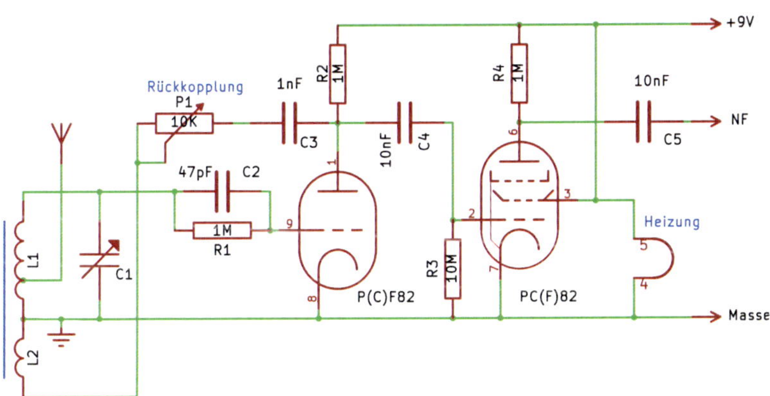

Abbildung 3.12: Triodenaudion mit PCF82

Vertauscht man die Reihenfolge der Röhrensysteme, so erhält man praktisch ohne weitere Änderungen die in Abb. 3.13 gezeigte Schaltung. Hier liegt ein Pentodenaudion mit zusätzliche NF-Vorverstärkung vor. Die Rückkopplung wurde wie in Abb. 3.12 realisiert. Durch die größere Verstärkung der Pentode kommt man beim Kondensator C3 mit einer kleineren Kapazität aus (220 pF statt 1 nF).

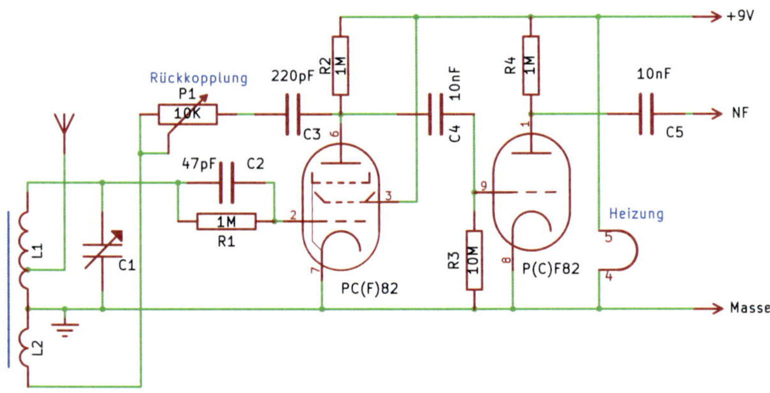

Abbildung 3.13: Pentodenaudion mit PCF82

Mit der Verwendung einer Pentode als Audion kann man die Verstärkung (und damit die Stärke der Rückkopplung) auch über die Schirmgitterspannung einstellen. Dabei bietet sich die ECO-Audionschaltung an (siehe Abb. 3.14). Der Vorteil liegt auf der Hand: Über die Zuleitungen zum Potentiometer können praktisch keine Störung eingestreut werden. In dieser Hinsicht ist die Schaltung auch weniger empfindlich hinsichtlich einer unerwünschten Selbsterregung.

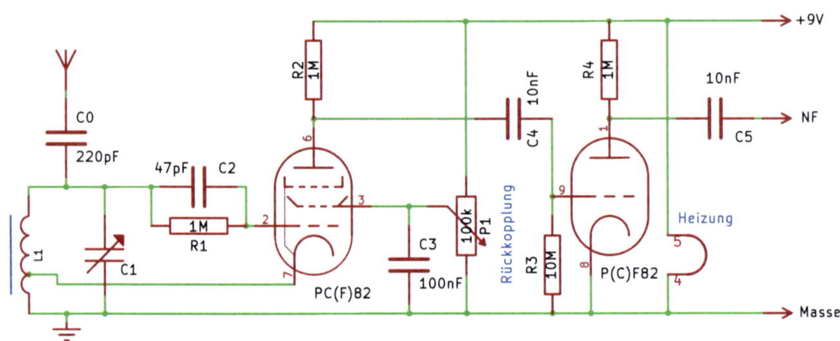

Abbildung 3.14: Pentodenaudion in ECO-Schaltung

Bei den bisherigen Schaltungsvarianten wurden Audion- und NF-Vorstufe in Kathodenbasisschaltung aufgebaut. In Abb. 3.15 wird ein Zweikreiser vorgeschlagen, dessen HF-Vorstufe mit einer Triode in Gitterbasisschaltung realisiert wurde. Die Anregung zu dieser Schaltung lieferte der Beitrag von Rudolf Burse [14]. Mit dem auf Masse liegenden Gitter sind die zwei Schwingkreise gut voneinander entkoppelt. Das ist der entscheidende Vorteil der Gitterbasisschaltung. Die Verstärkung liegt in der gleichen Größenordnung wie bei der Kathodenbasisschaltung. Der Nachteil der Gitterbasisschaltung liegt in dem sehr niedrigen Eingangswiderstand. Daher darf der erste Schwingkreis (mit Ferritantenne) nicht über den Hochpunkt angekoppelt werden, sondern über einen Abzweig bei vergleichsweise niedriger Windungszahl. Die Pentodenstufe, die als Audion fungiert, kann ggf. um eine Rückkopplung ergänzt werden (vgl. Abb. 3.13 und 3.14).

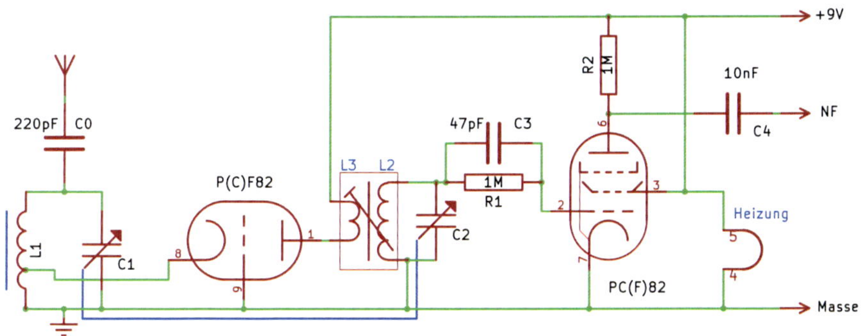

Abbildung 3.15: Pentodenaudion mit HF-Vorstufe in Gitterbasisschaltung

Anstelle der eingesetzten Transistor-Schaltkreis-Endstufe kann man auch bei 9 V eine NF-Endstufe mit Röhren aufbauen. Für die zwei Röhrensysteme der PCF82 wählen wir die gleiche Reihenfolge, wie sie bei Verbundröhren der Reihen ECL, PCL usw. üblich ist. Die Triode bildet dabei eine weitere NF-Vorstufe, die Pentode arbeitet als Endstufenröhre. Die Lautstärkeeinstellung erfolgt mit einem logarithmischen Potentiometer am Steuergitter der Triode. Die in Abb. 3.17 angegebene Schaltung kann mit den Audionvarianten aus Abb. 3.12 bis Abb. 3.14 betrieben werden.

Abb. 3.17 zeigt den experimentellen Aufbau des in Abb. 3.12 gezeigten Tiodenaudions zusammen mit der in Abb. 3.17 dargestellten Endstufe. Die Spannungsversorgung erfolgte über ein 9 V-Steckernetzteil. Trotz der niedrigen

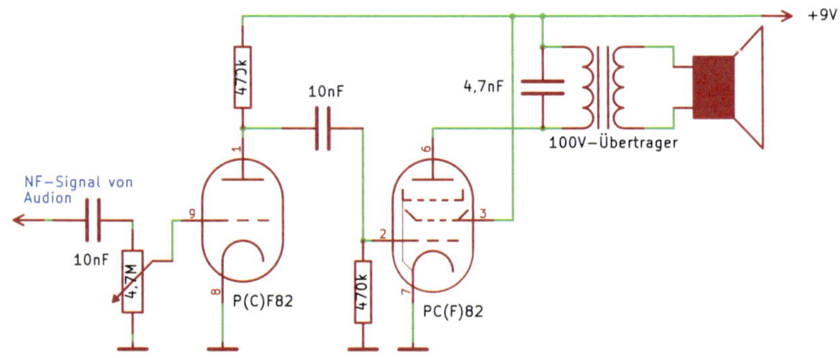

Abbildung 3.16: NF-Endstufe mit PCF82

Spannung war in den Abendstunden der Empfang mehrerer Sender möglich. Allerdings darf man bei 9 V keine Wunder hinsichtlich der Lautstärker erwarten. Für eine akzeptable Wiedergabe sollte wiederum ein Lautsprecher mit großer Membran eingesetzt werden.

Abbildung 3.17: Triodenaudion und NF-Endstufe mit zwei PCF82

Mit einer höheren Anodenspannung lassen sich Empfindlichkeit und NF-Verstärkung merklich steigern. Bei einer Spannungsversorgung mit 18 V würde man die Heizfäden der zwei PCF82 in Reihe schalten. Allerdings sind dann mit der höheren Anodenspannung die in Abb. 3.12 und 3.13 gezeigten Schaltungen nicht mehr richtig dimensioniert. Insbesondere ist eine gegenüber der Anodenspannung niedrigere Schirmgitterspannung sinnvoll. Man würde also das Schirmgitter nicht mehr direkt auf die Betriebsspannung legen, sondern an einem Spannungsteiler abnehmen. Für diese Aufbauvariante mit 18 V bietet sich daher das ECO-Audion aus Abb. 3.14 an, wo man die Arbeitspunkteinstellung über das Schirmgitter gleich mit der Einstellung der Rückkopplung kombiniert.

Im nächsten Schritt erweitern wir die Schaltung von zwei auf drei Röhren. Die Heizfäden der Röhren sollen in Reihe geschaltet werden, so dass man ca. 26 . . . 28 V benötigt, damit aber auch eine brauchbare Anodenspannung zur Verfügung hat. Die in Abb. 3.18 gezeigte Schaltungsanordnung funktioniert auch ab 24 V, was einer Heizspannung von 8 V pro Röhre entspricht. Der Empfänger ist als Zweikreiser ausgelegt, wobei die HF-Vorstufe mit einer Pentode in Kathodenbasisschaltung aufgebaut ist. Das zweite Röhrensystem dieser Röhre, die Triode, agiert als rückgekoppeltes Audion. Die sich dem Audion anschließende Filterschaltung (C9, C10, R5) unterdrückt HF-Reste. Das NF-Signal wird von zwei Trioden vorverstärkt. In der Endstufe sind die beiden Pentoden, die keine Leistungspentoden sind, parallel geschaltet. Dadurch lässt sich ein höherer Anodenstrom erzielen. Aufgrund der deutlich höheren Anodenspannung ist es jetzt auch sinnvoll, die negative Gittervorspannung automatisch mit der aus R10 und C14 bestehenden Kathodenkombination zu erzeugen. Bei einer mittleren Einstellung des Einstellreglers R10 mit dem Widerstandswert $R_{10} \approx 500\,\Omega$ erhält man für das RC-Glied die Frequenz $f = \frac{1}{2\pi R_{10} C_{14}} = \frac{1}{2\pi \cdot 500\,\Omega \cdot 10\,\mu\text{F}} \approx 32\,\text{Hz}$, was als untere Grenzfrequenz für die Wiedergabe völlig ausreichend ist.

Nachfolgend sollen einige Vorschläge für eigene Versuche und Verbesserungen angegeben werden:

- Anstelle der in Abb. 3.18 eingesetzten Eintaktendstufe mit parallelgeschalteten Röhren kann man auch die zwei Pentoden für eine Gegentaktendstufe nutzen. Eine der Vorverstärkertrioden könnte dabei zu einer Phasenumkehrstufe modifiziert werden. Eine leicht zu realisierende Variante für eine Phasenumkehrschaltung stellt die Kathodyn-Schaltung dar, bei welcher der Anodenwiderstand zu gleichen Teilen auf den Anoden- und

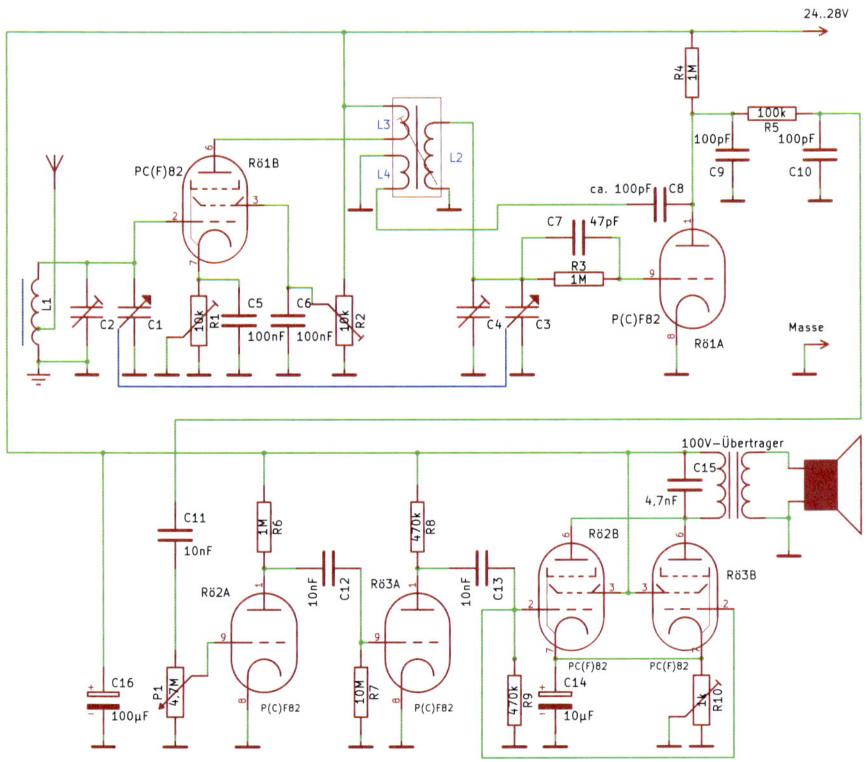

Abbildung 3.18: Drei-Röhren-Audion mit PCF82

Kathodenkreis aufgeteilt wird [15, S. 55-56]. Ein Nachteil der Kathodyn-Schaltung besteht allerdings in der Verstärkung, die kleiner als Eins ist. Die gesamte Gegentaktendstufe ist in Abb. 3.19 dargestellt. Durch die gemeinsame Kathodenkombination zur automatischen Gittervorspannungserzeugung sollte der Verstärker im AB-Gegentaktbetrieb arbeiten [15, S. 83 ff.]. Für den Ausgangsübertrager kann man einen Netztrafo einsetzen, bei dem die 230 V-Primärwicklung in zwei 115 V-Wicklungen aufgeteilt ist.

- Die PCF82 ist eigentlich nicht für eine Leistungsendstufe vorgesehen. In der Endstufe könnte man die PCF82 durch eine PCL82, die eine Leistungspentode enthält, ersetzen. Dabei wäre die in Abb. 3.18 gezeigte Parallelschaltung der Endstufenpentoden überflüssig. Die PCL82 erfordert die höhere Heizspannung von 16 V.

- Grundsätzlich würden sich auch völlig andere Schaltungsszenarien mit Röhren der P-Serie umsetzen lassen. Als Eingangsstufe könnte man beispielsweise ein Kaskodenaudion mit der PCC84, der PCC85 oder der PCC88, die ebenfalls für Kaskodenschaltungen geeignet ist [40], einsetzen. Dazu würden sich die in Abb. 3.7 bzw. 3.8 gezeigten Schaltungen eignen, wobei lediglich Heiz- und ggf. Anodenspannung anzupassen wären. Die NF-Vorverstärkung könnte mit einer PCF82, die NF-Endstufe mit einer PCL82 realisiert werden. Für die Endstufe wäre auch die Röhre PFL200, die aus zwei Pentoden besteht und eigentlich für die Zeilenablenkung im Fernseher vorgesehen war, denkbar.

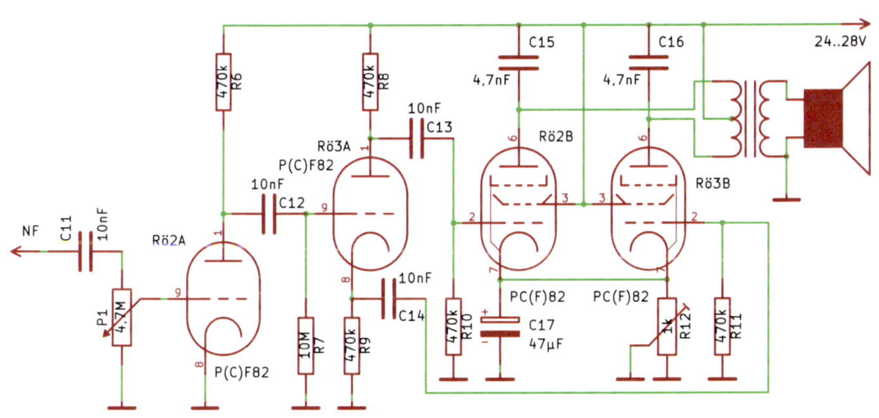

Abbildung 3.19: Vorschlag für eine Gegentaktendstufe mit zwei PCF82

3.5 Audion mit Heptodeneingangsstufe

Die nachfolgende Schaltung wurde von den in [27, Abschitt 9.1] bzw. [20, Abschnitt 6.4] beschriebenen ECC86-Audionschaltungen inspiriert. Niederspannungsröhren kommen bereits mit einer Anodenspannung von 6,3 V bzw. 12,6 V aus und sind für den Betrieb in Kraftfahrzeugen konzipiert [4–6]. Leider ist die in den o. g. Audionschaltungen verwendete Niederspannungs-Doppeltriode vergleichsweise teuer und schwer zu beschaffen. Daher wurde versucht, die ECC86 durch eine bereits vorhandene Niederspannungsröhre ECH83 zu ersetzen. Die ECH83 ist eine Doppelröhre, die aus einer Oszillatortriode und einer Mischheptode besteht. Diese Kombination der Röhrensysteme ist für den Einsatz in Überlagerungsempfängern gedacht. Eine solche Trioden-Heptoden-Verbundröhre kann auch zur Verstärkung eingesetzt werden [53, S. 12-18]. Hier wird die ECH83 als Audion mit NF-Verstärker genutzt. Bei der eigentlichen Audionstufe wird die Heptode wie eine Pentode behandelt. Der verwendete Ferritstab hat einen Durchmesser von 10 mm und eine Länge von 160 mm. Als Induktivitätskonstante wurde $A_L \approx 100\,\mathrm{nH}/N^2$ ermittelt. Bei $N = 50$ Windungen erhält man für die Schwingkreisspule die Induktivität $L_1 = A_L\,N^2 = 250\,\mu\mathrm{H}$. Zusammen mit einem Drehkondensator der Maximalkapazität $C_1 = 500\,\mathrm{pF}$ ergibt sich die untere Empfangsfrequenz $f = \frac{1}{2\pi\sqrt{L_1 C_1}} \approx 450\,\mathrm{kHz}$, was etwas unter dem Mittelwellenbereich liegt. Für die Rückkopplungsspule L2 wurden 7 Windungen verwendet.

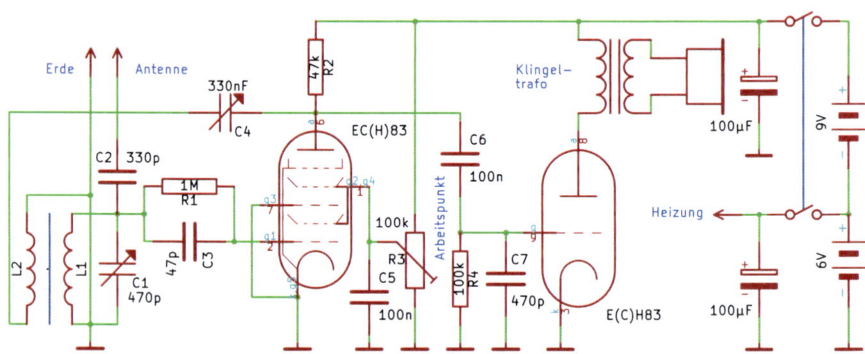

Abbildung 3.20: Rückgekoppelte Audionschaltung mit ECH83

Die Triode der ECH83 übernimmt die NF-Verstärkung. Als Übertrager zu einem niederohmigen Kopfhörer fand ein 6 V-Klingeltrafo Verwendung. Die Primärwicklung liegt im Anodenstromkreis, die 6 V-Sekundärwicklung wird mit dem Kopfhörer verbunden. Als Röhre der E-Serie benötigt die ECH83 eine Heizspannung von 6, 3 V, ihr Heizstrombedarf liegt bei 300 mA.

Für den Lautsprecherbetrieb ist eine weitere Röhre erforderlich. Dazu wurde die Verbundröhre ECF80 ausgewählt, die ebenfalls gut für den Betrieb mit niedriger Anodenspannung geeignet ist [10]. Anders als bei Trioden-Leistungspentoden (z. B. Röhren der ECL- bzw. PCL-Serie) wird die Pentode als Vorverstärkerröhre verwendet und die Endstude mit der Triode aufgebaut. Abb. 3.21 zeigt die Gesamtschaltung des Empfängers. Im Audionteil kann man anstelle der Niederspannungsröhre ECH83 auch die klassische Misch-Oszillatorröhre ECH81, die die gleiche Sockelbelegung aufweist, verwenden. Der in Abb. 3.20 zur Rückkopplung eingesetzte Drehkondensator wurde durch einen Festkondensator ersetzt. Der Grad der Rückkopplung lässt sich über den Einstellregler R3 beeinflussen. Die maximale Verstärkung erzielt man etwa in der Mitte des Einstellbereichs. Für eine Feineinstellung der Rückkopplung ist ggf. der Einstellregler durch ein Potentiometer zu ersetzen. Die ECF80 hat einen Heizstrombedarf von 430 mA. Insgesamt benötigt man einen Heizstrom vom 730 mA und kommt damit auf eine Heizleistung von ca. 4, 6 W. Abb. 3.22 zeigt den aufgebauten Empfänger. Am Abend waren bei Erdung sowie einer ca. 2 m langen Drahtantenne etwa ein Dutzend Radiostationen zu empfangen.

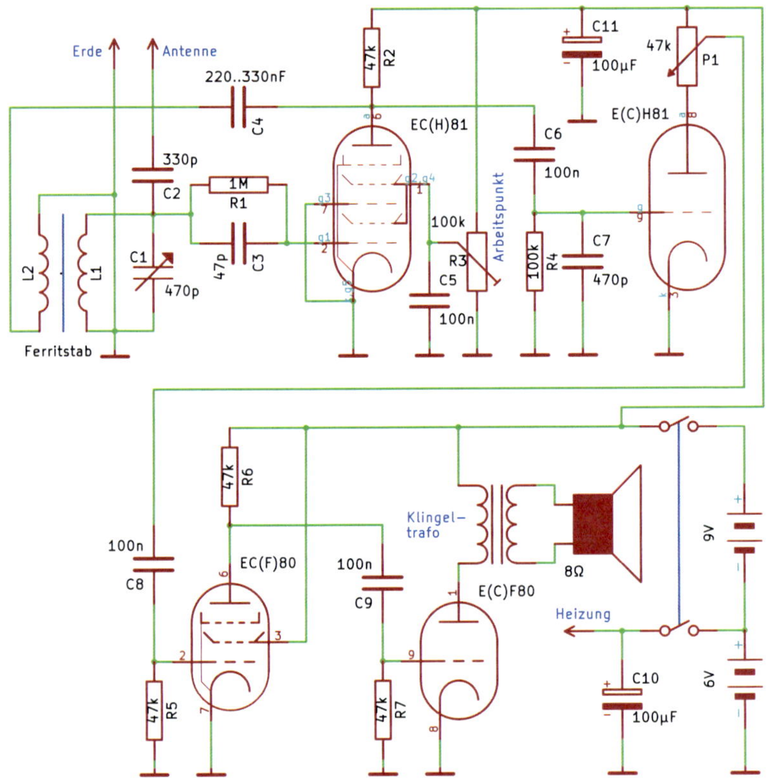

Abbildung 3.21: Audionschaltung mit ECH81 und ECF80

Abbildung 3.22: Aufbau des Audions mit ECH81 und ECF80

3.6 Audionschaltungen mit Batterieröhren

Für Audionschaltung bzw. weitere Vorverstärkerstufen bieten sich im Rahmen der Batterieröhren die Pentoden DF91 bzw. DF96 an [43]. Beide Röhren werden direkt geheizt bei einer Heizspannung von ca. 1,4 V. Die gut beschaffbare DF91 benötigt einen Heizstrom von 50 mA, die DF96 kommt bereits mit 25 mA aus. Die nachfolgenden Schaltungen sind für eine anodenseitige Spannungsversorgung von 27 V ausgelegt. Damit ist eine portable Stromversorgung mit einer alkalischen 1,5 V-Baby- oder Monozelle und drei 9 V-Blöcken (Akkus) möglich.

Abb. 3.23 zeigt eine einstufige rückgekoppelte Audionschaltung, die für den Betrieb mit einem Kristallohrhörer ausgelegt ist. Für die direkt geheizte Röhre ist die Grundschaltung aus Abb. 3.1 (rechts) mit dem auf Masse gelegten Gitterableitwiderstand R1 typisch (siehe beispielsweise [44, Abschnitt 8.1] oder [29, Kapitel 13]). Allerdings gibt es auch Schaltungsvorschläge, bei denen der Gitterableitwiderstand R1 an den Heizfaden $+f$ und damit an 1,5 V gelegt wird [17, S. 55]. Für eine variable Einstellung des Bezugspotentials, die sich auch zum Feinabgleich der Rückkopplung verwenden lässt, kann man zwischen den Heizfäden $-f$ und $+f$ ein Potentiometer vorsehen, dessen Mittelabgriff mit dem Widerstand R1 verbunden wird [21, S. 12-14].

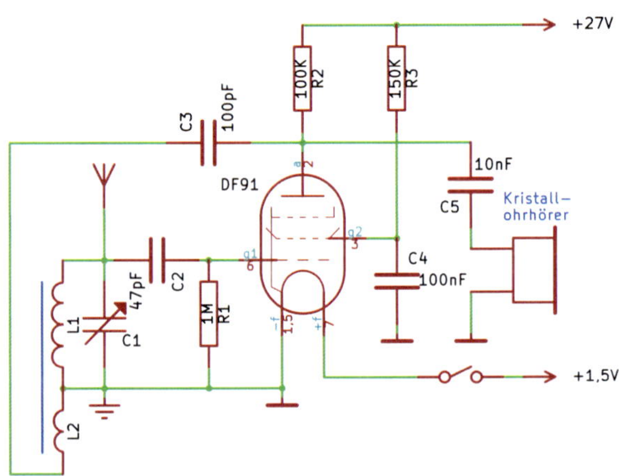

Abbildung 3.23: Einstufiges rückgekoppeltes Audion mit Batterieröhre DF91

Die Stärke der Rückkopplung lässt sich bei der in Abb. 3.23 dargestellten

Schaltung über den Kondensator C3 beeinflussen, ggf. kann an dieser Stelle auch ein Drehkondensator oder eine Kombination aus festem Kondensator und einem Potentiometer eingesetzt werden (siehe Abb. 3.5 auf S. 65). Die Größe des Widerstandes R3 am Schirmgitter ist unkritisch und kann im Bereich von $100 \ldots 220\,\mathrm{k}\Omega$ gewählt werden.

Die Erweiterung des in Abb. 3.23 gezeigten Audions um eine NF-Verstärkerstufe führt auf die in Abb. 3.24 dargestellte Schaltung. Zum Einstellen der Rückkopplung wurde das Potentiometer P1, das ggf. auch kleiner gewählt werden kann (z. B. $2,2\,\mathrm{k}\Omega$), vorgesehen. Mit dem aus C5, R4 und C6 bestehenden Tiefpassfilter werden HF-Reste der Audionstufe unterdrückt.

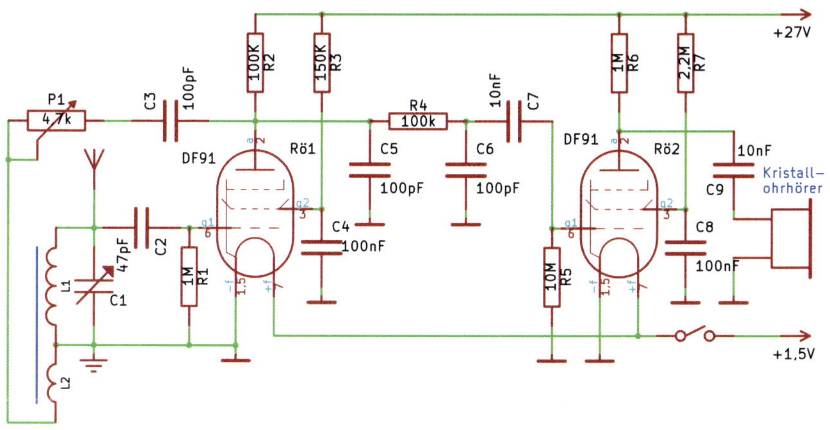

Abbildung 3.24: Audion mit zusätzlicher NF-Verstärkerstufe

Für den Lautsprecherbetrieb wurde die Audionschaltung aus Abb. 3.24 um eine weitere NF-Verstärkerstufe mit der DF91 sowie eine NF-Endstufe mit der Leistungspentode DL96 ergänzt. Abb. 3.25 zeigt die Gesamtschaltung des Batterieempfängers. Für eine stärkere HF-Unterdrückung wurde zusätzlich zu der bestehenden RC-Siebschaltung die HF-Drossel L3 vorgesehen. Ähnliche Audionschaltungen mit Batterieröhren sind beispielsweise in [22, S. 322-324], [55, S. 42-43] zu finden.

Für den Empfang ohne Erdung und Drahtantenne ist eine HF-Vorstufe unumgänglich. Eine naheliegende Variante besteht darin, die im Abschnitt 2.7

für Detektorempfänger mit Batterieröhren angegebene nichtselektive HF-Vorstufe einzusetzen (siehe Abb. 2.45 auf S. 59). Eine bessere Trennschärfe erhält man mit der in Abb. 3.26 dargestellten selektiven HF-Vorstufe, mit der man den Empfänger aus Abb. 3.25 zu einem Zweikreiser mit fünf Röhren ergänzt. Für die Spule L4 ist ein abgeschirmter Spulenkörper zu verwenden. Die Induktivität dieser für den zweiten Schwingkreis vorgesehenen Spule sollte in Übereinstimmung mit L1 gewählt werden. Die Auskopplung zur Audionstufe erfolgt kapazitiv über C2. Gegebenenfalls kann man mit einer weiteren Wicklung auf dem Spulenkörper von L4 eine Rückkopplung und damit eine Entdämpfung vornehmen. Für den Feinabgleich sind die Schwingkreise gegebenenfalls um Trimmer zu ergänzen.

Den Aufbau einer im Abgleich komplizierten HF-Vorstufe kann man umgehen, wenn man das Empfangsteil mit einem passenden Schaltkreis aufbaut. Der IC TA7642 ist ein AM-Empfängerschaltkreis für den Mittelwellenempfang. Er hat einen sehr hohen Eingangswiderstand sowie einen großen Verstärkungsfaktor, führt die Demodulation durch und besitzt außerdem eine automatische Verstärkungsregelung (AGC), siehe [28, Abschnitt 4.6]. Der Schaltkreis kann als Weiterentwicklung der Typen ZN141, ZN414-ZN416 bzw. MK484 aufgefasst werden [50, S. 55-57]. Er kommt mit drei Anschlüssen aus und hat die gleiche Bauform TO-92 wie ein typischer Miniplast-Transistor. Zur Versorgung genügen typischerweise $1,3\,\mathrm{V}$ [57]. Abb. 3.27 zeigt die Verschaltung des AM-Empfängerschaltkreis TA7642 mit der NF-Vorstufenpentode Rö2 aus Abb. 3.25. Für den IC wird hier die Standardbeschaltung eingesetzt. Die Spannungsversorgung erfolgt über die $1,5\,\mathrm{V}$ Heizungspannung der Batterieröhren. Mit dem vorgestellten Empfänger kann man in der Regel auch ohne zusätzliche Antenne, d. h. nur mit der Ferrit-Antenne, mehrere Sender empfangen. Bei schwachem Empfang kann man das HF-Signal auch am Hochpunkt des Schwingkreises abgreifen. Gegenüber dem in Abb. 3.27 gezeigten Abgriff an einem Abzweig der Schwingkreisspule L1 erzielt man dann aber eine etwas schlechtere Trennschärfe. Umgekehrt kann man bei sehr gutem Empfang auch auf eine DF91-Röhrenstufe verzichten und kommt dann mit zwei Röhren aus. Für den praktischen Aufbau sollte man wieder auf einen passenden MW-Radio-Bausatz, der neben dem Schwingkreis auch den IC TA76421 enthält, zurückgreifen.

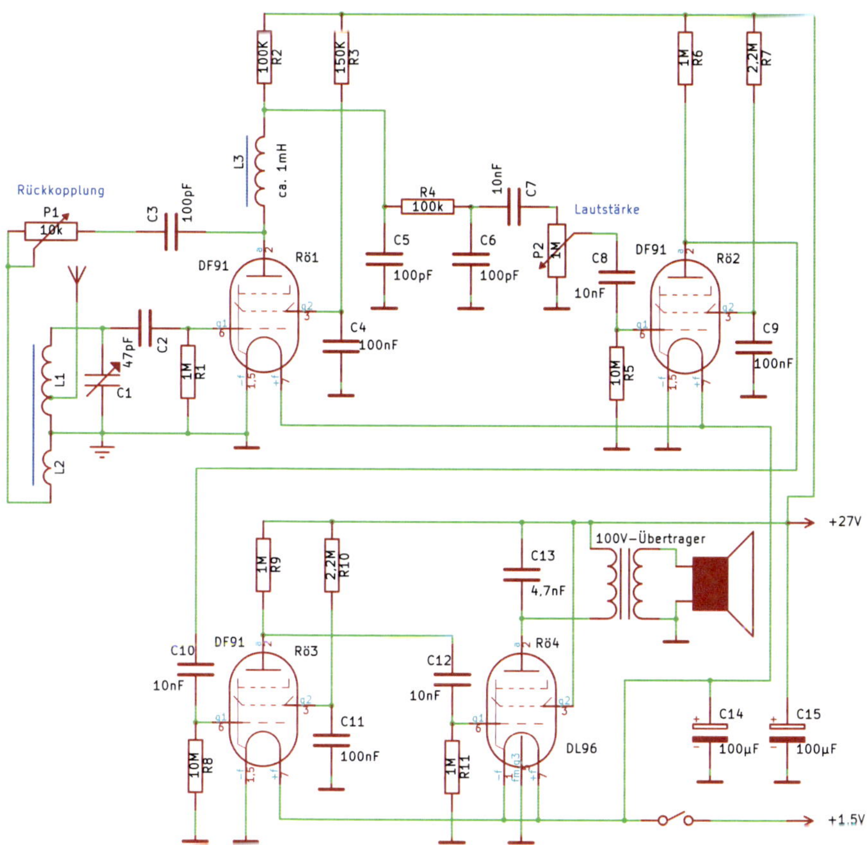

Abbildung 3.25: Audion mit NF-Röhrenverstärker und Lautsprecherwiedergabe

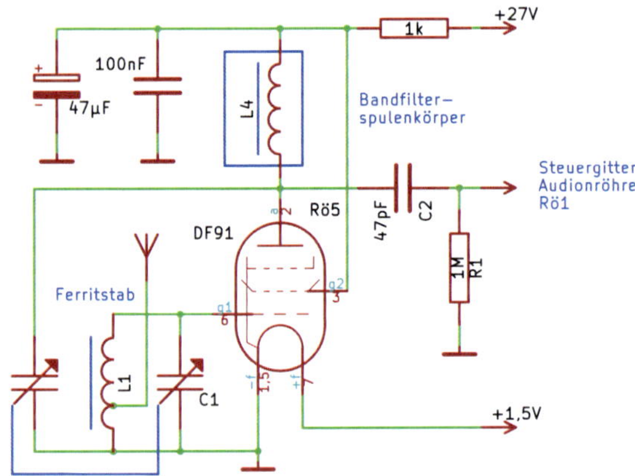

Abbildung 3.26: Selektive HF-Vorstufe für Audionschaltung aus Abb. 3.25

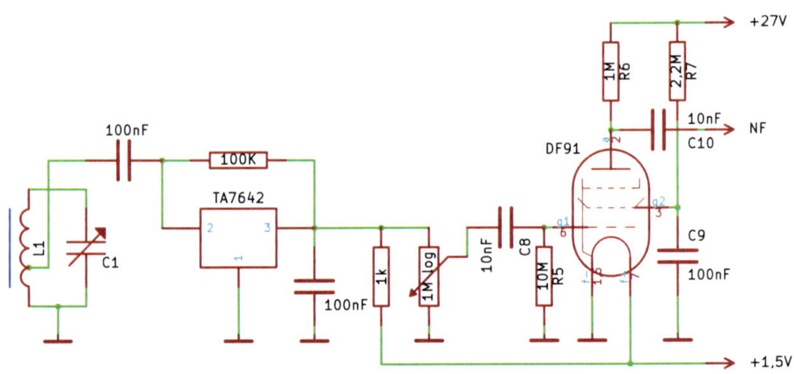

Abbildung 3.27: Vorstufe mit AM-Empfängerschaltkreis TA7642

Anhang A

Anschlussbelegungen

A.1 Elektroden von Röhren

a	Anode
a_T, a_P, a_H	Anode einer Triode, Pentode bzw. Heptode
k	Kathode
k_e	Kathodenanschluss für Schwingkreis (bei Kaskodenschaltung)
g	Steuergitter einer Triode
g_1	Steuergitter bei Mehrgitterröhren
g_2	Schirmgitter
$g_3, \ldots, g_5$	Gitter $3 \ldots 5$
f	Heizfaden
$-f, +f$	negativer bzw. positiver Heizfadenanschluss
f_M	Mittelanschluss des Heizfadens
s	Abschirmung
$i.V.$	innere Verbindung, Anschluss darf nicht belegt werden

A.2 Sockelschaltbilder von Röhren

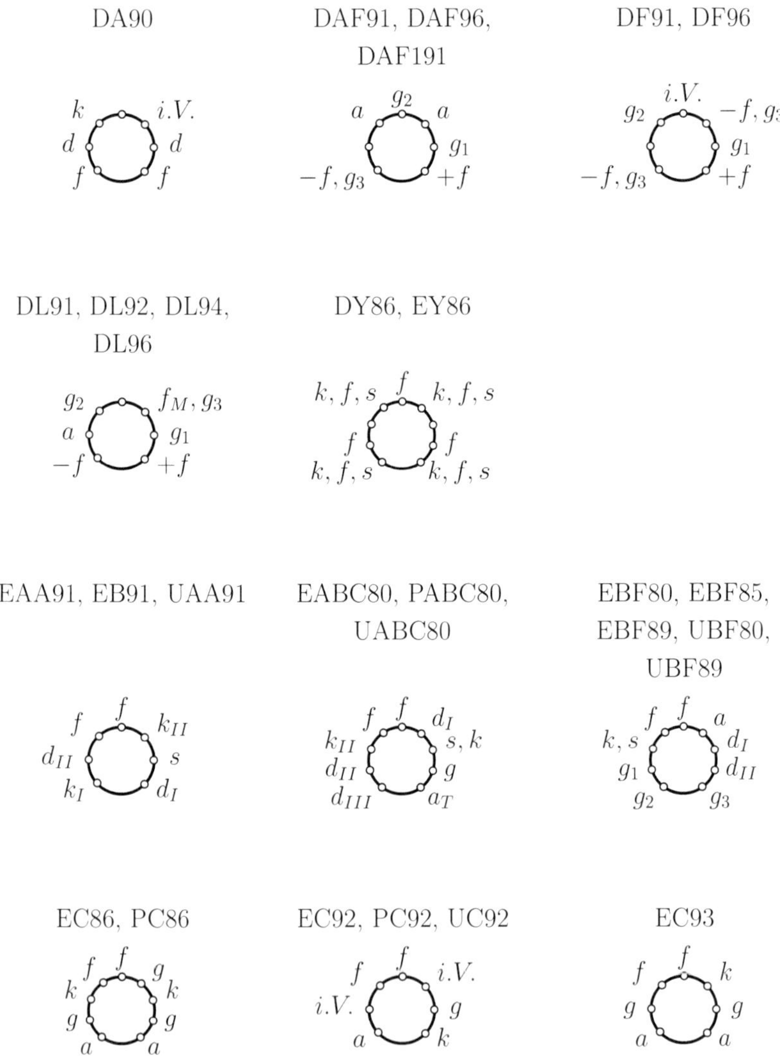

ECC81, ECC82, ECC83

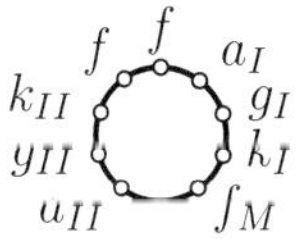

f f a_I
k_{II} g_I
g_{II} k_I
a_{II} f_M

ECC84, PCC84

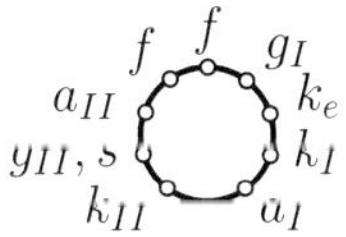

f f g_I
a_{II} k_e
g_{II}, s k_I
k_{II} a_I

ECC85, ECC86, PCC85, PCC88, UCC85

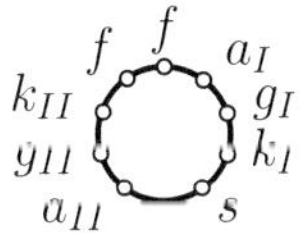

f f a_I
k_{II} g_I
g_{II} k_I
a_{II} s

ECF80, PCF82, PCF802, UCF80

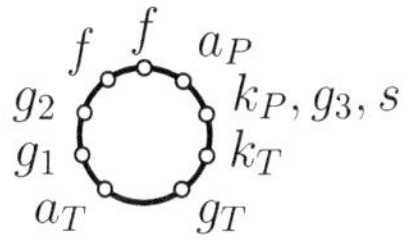

f f a_P
g_2 k_P, g_3, s
g_1 k_T
a_T g_T

ECH81, ECH83

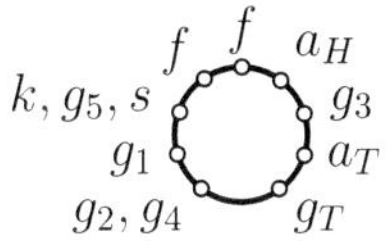

f f a_H
k, g_5, s g_3
g_1 a_T
g_2, g_4 g_T

ECL80

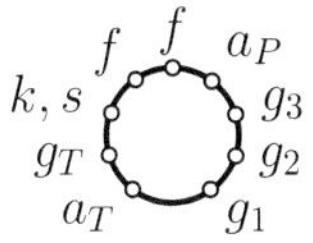

f f a_P
k, s g_3
g_T g_2
a_T g_1

ECL81, PCL81

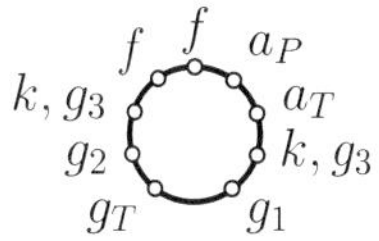

f f a_P
k, g_3 a_T
g_2 k, g_3
g_T g_1

ECL82, PCL82

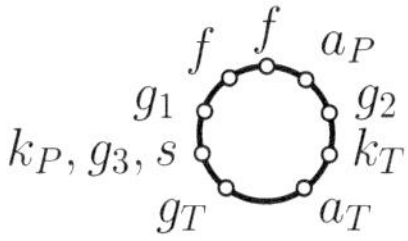

f f a_P
g_1 g_2
k_P, g_3, s k_T
g_T a_T

ECL86

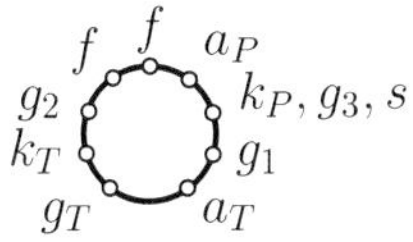

f f a_P
g_2 k_P, g_3, s
k_T g_1
g_T a_T

EF80, EF85, EF183, EF184, UF80, UF85

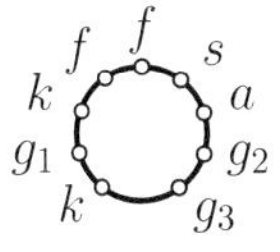

f f s
k a
g_1 g_2
k g_3

EL861, IL861

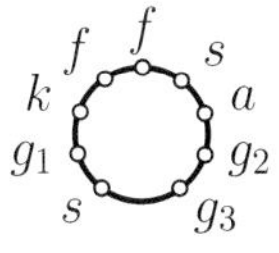

f f s
k a
g_1 g_2
s g_3

EZ80

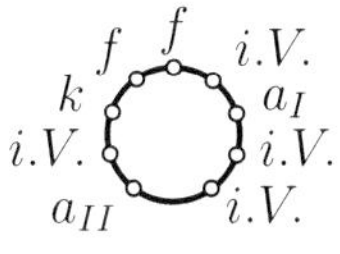

f f $i.V.$
k a_I
$i.V.$ $i.V.$
a_{II} $i.V.$

A.3 Halbleiterdioden und Transistoren

A	Anode	E	Emitter	S	Source
K	Kathode	B	Basis	G	Gate
		K	Kollektor	D	Drain
				Sch	Schirm

Halbleiterdioden

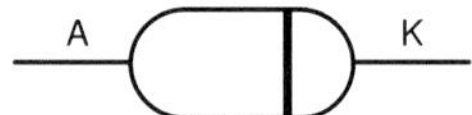

Bipolartransistoren BC547 bis BC550 (npn) und BC556 bis BC560 (pnp)

Feldeffekttransistoren BF245 (links) und KП303 (rechts)

Literaturverzeichnis

[1] *Die PCC84 - eine neue UKW-Doppeltriode.* Funkschau, 25(11):192–193, 1953.

[2] *Neue Mischröhren für Fernsehempfänger: PCC85, PCF80, PCF82.* Funkschau, 25(18):355, 1953.

[3] *Das Kaskoden-Audion.* Funkschau, 28(10):415, 1956.

[4] *HEA-Autosuper Transistor-Baby.* Funkschau, 29(15):690–691, 1957.

[5] *Neue Röhren für Autosuper.* Funkschau, 29(15):409–411, 1957.

[6] *Die Doppeltriode ECC 86, eine UKW-Röhre für 6,3 V Anodenspannung.* Funkschau, 30(1):3–4, 1958.

[7] *Pseudo-Stereo-Schaltung, Breitwand für die Ohren.* Electronic Actuell Magazin, 4(3):53–57, 1989.

[8] *Funkamateur-Bauelementeinformation TDA5072A/AT, TDA7052B/BT, NF-Verstärker mit integrierter Lautstärkesteuerung* Funkamateur, 54(5):919–920, 2005.

[9] Adams, M.: *Lee de Forest: King of Radio, Television, and Film.* Springer, New York, 2012.

[10] AK MODUL-BUS Computer GmbH: *Experimentiersystem Röhrentechnik RT100*, 2005. Handbuch.

[11] Barkhausen, H.: *Lehrbuch der Elektronen-Röhren und ihrer technischen Anwendungen, 4. Band: Gleichrichter und Empfänger.* S. Hirzel Verlag, Leipzig, 6. Auflage, 1951.

[12] Barkhausen, H.: *Lehrbuch der Elektronen-Röhren und ihrer technischen Anwendungen, 1. Band: Allgemeine Grundlagen.* S. Hirzel Verlag, Leipzig, 7. Auflage, 1953.

[13] Bock, H.: *EF 183 und EF 184, zwei neue Spanngitterpentoden.* Funkschau, 32(8):195–197, 1960.

[14] Burse, R.: *Beispiele von Geradeausempfängern aus der Praxis.* CQ DL, 73(10):741–742, 2002.

[15] Diciol, O.: *Röhren-NF Verstärker Praktikum.* Franzis Verlag, Poing, 2008. Reprint-Ausgabe.

[16] Diefenbach, W. W.: *Miniatur und Subminiaturempfänger.* Jakob Schneider Verlag, Berlin-Tempelhof, 1956.

[17] Diefenbach, W. W.: *Kurzwellen- und UKW-Empfänger für Amateure.* Franzis-Verlag, München, 10. Auflage, 1967.

[18] Erb, E.: *Radios von gestern.* M+K Computer, 1998.

[19] Gittel, J.: *Jogis Röhrenbude.* Franzis-Verlag, Poing, 2004.

[20] Gittel, J.: *Neues aus Jogis Röhrenbude.* Franzis-Verlag, Poing, 2005.

[21] Heine, G. und R. Wollenschläger: *Der Einkreiser, 25 Schaltungen für den Radiobastler.* Deutscher Funk-Verlag GmbH, Berlin, 1948.

[22] Jakubaschk, H.: *Radiobasteln leichtgemacht.* Kinderbuchverlag, Berlin, 1. Auflage, 1964.

[23] Jakubaschk, H.: *Die Tunneldiode und ihre Schaltungsanwendungen.* In: Schubert, K. H. (Herausgeber): *Elektronisches Jahrbuch für den Funkamateuer*, Seiten 251–262. 1966.

[24] Jakubaschk, H.: *Radio- und Elektronikbasteln leichtgemacht.* Kinderbuchverlag, Berlin, 1. Auflage, 1983.

[25] Kainka, B.: *Kurzwell-Audion, Geradeausempfänger mit interessanten Eigenschaften.* Elektor, 31(11):32–36, 2000.

[26] Kainka, B.: *Röhren-Detektorempfänger.* Elektor, 33(7-8):35, Juli 2002.

[27] Kainka, B.: *Röhren-Projekte von 6 bis 60 V.* Elektor-Verlag, Aachen, 2003.

[28] Kainka, B.: *Radio-Baubuch: Vom Detektor- zum DRM-Empfänger.* Elektor-Verlag, Aachen, 2006.

[29] König, L.: *Rundfunk und Fernsehen selbst erlebt. Das Experimentier- und Bastelbuch für Radio und Fernsehen.* Urania-Verlag, Leipzig, 1. Auflage, 1970.

[30] Küpfmüller, K., W. Mathis und A. Reibiger: *Theoretische Elektrotechnik: Eine Einführung,* Kapitel 38 (Elektronenröhren). Springer, Berlin, 18. Auflage, 2008. Online verfügbar.

[31] Mangelsdorff, G.: *Das Kaskodenaudion.* Nachrichtentechnik, 6(2):86, 1956.

[32] Meinke, H. und F. W. Gundlach (Herausgeber): *Taschenbuch der Hochfrequenztechnik.* Springer-Verlag, 3. Auflage, 1968.

[33] Mende, H. G.: *Rundfunkempfang ohne Röhren, Vom Detektor zum Transistor,* Band 27/27a der Reihe *Radio-Praktiker-Bücherei.* Franzis-Verlag, München, 9. und 10. Auflage, 1959.

[34] Meyer, H.: *Praktisch Rundfunkbasteln, Band 2: Zweikreis-Empfänger und Kleinsuper, UKW-Empfänger,* Band 2032 der Reihe *Lehrmeister-Bücherei.* Albrecht Philler Verlag, München, 5. Auflage, 1968.

[35] Nass, F.: *Der Detektor-Empfänger gestern und morgen : Ausblick auf Möglichkeiten z. Leistungssteigerung unter Berücks. d. Selbstbaus von Detektor-Empfängern.* Verl. Maindruck, Frankfurt a.M.-Fechenheim, 1948.

[36] Peter, O., A. Joachimsthaler und S. Stettmayer: *Elektronik für Eisenbahner.* Verlag der GdED, Frankfurt (Main), 2. überarbeitete Auflage, 1969.

[37] Philips Semiconductors: *Spatial, stereo and pseudo-stereo sound circuit TDA3810*, 1985. Datenblatt.

[38] Philips Semiconductors: *1 Watt BTL mono audio amplifier with DC volume control TDA7052A/AT*, 1994. Datenblatt.

[39] Ratheiser, L.: *Rundfunkröhren, Eigenschaften und Anwendungen.* Regelien's Verlag, Berlin-Grunewald, 1949.

[40] RFT: *Empfängerröhren.* Röhrentaschenbuch der 4 Röhrenwerke der DDR.

[41] Richter, H.: *Neues Bastelbuch für Radio und Elektrotechnik.* Franckh'sche Verlagshandlung, Stuttgart, 2. Auflage, 1959.

[42] Richter, H.: *Radiobasteln für Jungen / Empfänger gut gebaut und gut verstanden.* Franckh'sche Verlagshandlung, Stuttgart, 9. Auflage, 1970.

[43] Rodenhuis, E. und W. Sparbier: *Röhren für Batterie-Empfänger.* Philips' Technische Bibliothek, 1956.

[44] Schubert, K. H.: *Das große Radiobastelbuch.* Deutscher Militärverlag, Berlin, 3. Auflage, 1966.

[45] Schultheiss, K.: *Der Kurzwellen-Amateur.* Telekosmos-Verlag, Franckh'sche Verlagsbuchhandlung, Stuttgart, 10. Auflage, 1965.

[46] Schwandt, J.: *Röhren-Taschen-Tabelle.* Franzis Verlag, 15. Auflage, 2006.

[47] Seibold, G. und O. Pfetscher: *Die Triode EC93 und ihre Verwendung als Oszillator im Dezimeterwellen-Fernsehempfänger.* Funkschau, 28(22):931–932, 1956.

[48] Seifart, M.: *Analoge Schaltungen.* Verlag Technik, Berlin, 5. Auflage, 1996.

[49] Sichla, F.: *ABC der Schwingkreis-Praxis, Basiswissen und Nachbauschaltungen.* Verlag für Technik und Handwerk (vth), Baden-Baden, 2008.

[50] Sichla, F.: *Empfangsprinzipien und Empfängerschaltungen: Selbstbauprojekte zwischen Detektor und Software Defined Radio.* Verlag für Technik und Handwerk (vth), Baden-Baden, 2009.

[51] Siegismund, H.: *Unkonventioneller 80-m Empfänger.* Funkamateur, 54(9):932–934, 2005.

[52] Siegismund, H.: *Audion mit Pfiff: Lambda-Einkreiser für Mittelwelle.* Funkamateur, 56(11):1180–1183, 2007.

[53] Sutaner, H.: *Die neue U-Röhren-Reihe und ihre Schaltungen*, Band 1 der Reihe *Radio-Praktier-Bücherei.* Franzis-Verlag, München, 1950.

[54] Sutaner, H.: *Moderne Zweikreis-Empfänger*, Band 15 der Reihe *Radio-Praktiker-Bücherei.* Franzis-Verlag, München, 1952.

[55] Sutaner, H.: *Einkreis-Empfänger mit Röhren und Transistoren*, Band 74 der Reihe *Radio-Praktiker-Bücherei.* Franzis-Verlag, München, 4. Auflage, 1960.

[56] Tetzner, K.: *Technische Einzelheiten neuer Reise- und Autoempfänger.* Funkschau, 26(7):124–127, 1954.

[57] Toshiba: *TA7642 One chip AM radio circuit.* Datenblatt.

[58] VEB Werk für Fernsehelektronik, Berlin: *Kennblatt Dreifachdiode E/P/UABC 80.*

[59] Warsow, K.: *Nostalgieradio mit modernen Bauelementen.* Funkamateur, 61(12):1268–1271, Dezember 2012.

[60] Warsow, K.: *Welche Diode ist gut für einen Detektor oder Tastkopf geeignet?* Funkamateur, 62(3):266–267, März 2013.

[61] Wirsum, S.: *Radiobasteln mit Feldeffekt-Transistoren.* Radio-RIM, München, 1970.

[62] Zierl, R.: *Röhrenverstärker selber bauen: Schaltungen bauen, berechnen und simulieren.* Franzis Verlag, Haar, 2012.

[63] Zinke, O. und H. Brunswig: *Hochfrequenztechnik 2.* Springer, Berlin, 1999.

Index